2008 年以来，获得"感动潮优秀人物""新中国 60 周年广东省茶青功勋人物""感动中国文化人物""2013 感动世界年度人物"等称号，获得"第二届作家报·中南百草庐杯全国文学艺术大奖赛"银奖、"第二届中国文化和平奖"金奖、"中国文化和平使者""世界文化名人"等勋章。

吴伟新　1949 年生，广东潮州凤凰镇人。1965 年开始，就读于凤凰茶业中学，学习茶叶专业知识；1968 年应征入伍到部队，1979 年参加了对越自卫反击战；1984 年从部队转业回到凤凰镇任武装部长，后又任凤凰镇副镇长，至 2007 年退休。在政府工作期间，组织各种技能知识学习和加工制作培训，带领村民发展凤凰单丛茶生产、参加全国各地的名优评比，提升凤凰镇茶农素质，热心为茶农与消费市场牵线铺路，提高了凤凰茶乡和单丛茶的品牌知名度。抢摄、留存凤凰古树资源的珍贵史照，以各种方式推广宣传凤凰单丛茶，为凤凰单丛茗扬国内外做出了应有的贡献。

杨多杰　多聊茶创始人，历史文献学硕士，首都师范大学茶文化社团指导教师，中华茶人联谊会特约讲师，北京市职业技能竞赛高级裁判员。主要研究方向为中国历代茶学文献及茶文化教学。CCTV10 饮食文化纪录片《味道》顾问，中央人民广播电台《月吃越美》常驻嘉宾，北京人民广播电台《吃喝玩乐大搜索》驻站嘉宾。长期在《中国国家地理》《中国国家旅游》《中华遗产》《世界博览》《时尚旅游》《精品购物指南》《旅行家》等期刊杂志上，撰写茶文化专栏，累计写作茶文化相关文章逾百万字。

出版有《茶经新解》《茶经新读》《中国名茶谱》《中国茶诗新解》《北京深处》《北京秘境》。

中国名茶丛书

丛书主编
郑国建

精彩图文版

凤凰单丛

黄瑞光　桂埔芳－主编

黄柏梓

吴伟新　杨多杰－副主编

中国农业出版社

图书在版编目（CIP）数据

凤凰单丛/黄瑞光,桂埔芳主编. --北京:中国农业出版
社, 2020.9
　（中国名茶丛书）
　ISBN 978-7-109-26522-6

　Ⅰ. ①凤... Ⅱ. ①黄... ②桂... Ⅲ. ①乌龙茶—基本
知识—中国 Ⅳ. ①TS272.5

中国版本图书馆CIP数据核字(2020)第022993号

中国名茶丛书·凤凰单丛
ZHONGGUO MINGCHA CONGSHU FENGHUANG DANCONG

中国农业出版社出版

地　址　北京市朝阳区麦子店街18号楼
邮　编　100125
责任编辑　孙鸣凤
文字编辑　刘昊阳
版式设计　今光后声 HOPESOUND paishoryage@163.com
责任校对　吴丽婷

印　刷　北京中科印刷有限公司
版　次　2020年9月第1版
印　次　2020年9月北京第1次印刷
发　行　新华书店北京发行所
开　本　700mm×1000mm　1/16
印　张　14
字　数　200千字
定　价　69.00元

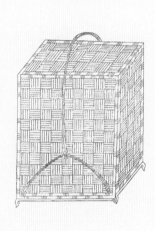

总序

中国是茶的故乡，茶是中国的瑰宝。中国饮茶之久、茶区之广、茶艺之精、名茶之多、品质之好，堪称世界之最。在漫长的生产实践中，无数茶业工作者利用各自茶区的生态环境和茶树资源，经过独特的加工制作，形成了文化底蕴深厚、外形千姿百态、品质独具特色的名茶。

中国名茶是众多茶类中一颗颗璀璨的明珠，在我国茶业发展史上占有重要地位。从古代丝绸之路、茶马古道、茶船古道，到今天丝绸之路经济带、21世纪海上丝绸之路，中国名茶穿越历史、跨越国界，在给人类带来健康的同时，也带来美的享受、文化的熏陶，深深融入中国人生活，深受世界各国人民喜爱。

2006年，由中国农业出版社出版的"中国名茶丛书"，受到业界与广大读者的欢迎，并被多次重印，具有较高的社会价值和学术价值。为更好地传承、弘扬中国名茶，引导正确的名茶消费文化，为中国名茶"正名"，应众多读者的要求，中国农业出版社决定进一步充实、丰富"中国名茶丛书"，普及寻茶、买茶、品茶、鉴茶知识，将"生态·健康·标准"的名茶传递到广大茶叶爱好者手中。

"中国名茶丛书"是一套开放性大型名茶丛书，计划陆续推出以单种名茶命名的一系列茶书。丛书所收录的中国名茶，由传统名茶、恢复历史名茶、新创名茶中臻选。臻选"名茶"种类的标准如下：

既有历史渊源或人文地理条件，又有今世能工巧匠的传承；

茶树品种优良，种植科学规范，制作工艺精湛；

茶叶外形独特，品质优异；

有一定的知名度，被消费者公认；

有一定的商品数量，产生较好的经济效益。

丛书邀请几十年如一日从事名茶生产、研究和教学的专家学者担纲编委会编委，或者各茶书主编、副主编。丛书集中展示各名茶在天、地、人间发生、发展和演变的全过程，既介绍该名茶的生长条件、加工技术、品质特征、保健功能等技术内容，也有名茶发展历史、人文环境、典故传说等传统文化知识，又不乏大量有关该名茶冲泡技巧、品鉴艺术、贮存、选购等图文并茂的实用信息。每本书如同所介绍的名茶一样，都散发着缕缕幽香，沁人心脾。

等闲识得东风面，万紫千红总是春。中国名茶源远流长，文化底蕴博大精深，尽管我们殚精竭虑，呈现给您的也许只是"半瓯清芳"。丛书倘有不足，敬请方家赐教指正。

丛书编委会

2020年3月

在我国粤东这片古老而神奇的土地上，有一个以出产凤凰单丛茶而名声远扬的地方——广东省潮州市潮安区凤凰镇。凤凰镇位于潮安区北部，南距国家历史文化名城潮州古城40千米，东与饶平县交界，西北与丰顺县、大埔县相邻。

全镇辖区内共有200多个自然村落，辖27个村民委员会和2个居民委员会，总人口约40 000人（2017年）。2014年2月，凤凰镇荣列广东名镇。

凤凰镇面积231.73千米²。林地面积23.9万多亩❶，茶园面积8万多亩。茶叶年总产量已超过500万千克（2017年）。凤凰镇海拔为300～1 498米，境内有粤东第一高峰——凤凰山。凤凰镇因山得名，凤凰单丛茶也因山而得名。

凤凰镇坐落于由几百座大大小小山峰组成的凤凰山之中，地势由东北向西南倾斜，山脉纵横，连绵不断，溪涧在峡谷中奔流。发源于饶平、丰顺、大埔三县嶂的凤凰溪，贯穿凤溪水库和凤凰水库，直下凤南镇，经归湖镇注入韩江，全长54千米，沿途有3座水力发电站，年发电量1 700万千瓦·时，为制作凤凰单丛茶提供动力。

---

❶ 亩为非法定计量单位，15亩=1公顷。下同。——编者注

◍ 凤凰镇区全景

◍ 中国重要农业文化遗产

◍ 中国乌龙茶之乡

凤凰镇特产——凤凰单丛茶属我国六大茶类之一的乌龙茶，是传统历史名茶。它发源于宋代，兴于近现代，盛于当代。据史书（明清《潮州府志》）记载，凤凰"待诏茶（待诏山生产的茶）亦名贡茶"，是明清时期的贡品之一，享有一定的声誉。早在1915年，凤凰单丛茶就获得了巴拿马万国商品博览会银奖。1955年以来，凤凰单丛茶在市级、省级、国家级、国际级的茶叶评比会上屡获殊荣。

凤凰镇是单丛茶的发源地，该镇茶叶栽培历史至今已有900多年，是广东省种茶历史最悠久、保留古茶树最多，茶叶品质特征最优的生产茶叶的专业镇。

凤凰镇于1995年3月荣获农业部命名的"中国乌龙茶（名茶）之乡"称号。2008年10月被中国茶叶学会授予"中国名茶之乡"；2014年5月，广东潮安区凤凰单丛茶文化系统被农业部评定为"中国重要农业文化遗产"。

走进茶乡凤凰镇

联络区号	0786
邮政编码	515656
专属座驾	粤U
方言古韵	潮州话/客家话
地　　址	中国广东省潮州市潮安区
辖　　区	东赏村、西春村、欧坑村、东兴村、福北村、凤光村、下埔村、 凤北村、椿堀村、凤西村、乌岽村、棋盘村、石古坪村、凤溪村、 二垭村、南坑村、虎头村、康美村、福南村、新东村、上春村、 凤新村、叫水坑村、凤湖村、中段村、三平磜村、南溪村

第一章 · 凤凰茶的起源与发展

一　美丽吉祥的凤凰山

　　凤凰山古称翔凤山，古人将凤凰鸟的形象与堪舆学"观形察势"法的风水理论相合，堪舆家（俗称"地师"）称绵延起伏的凤凰山看似一只展翅腾飞的凤鸟，便将形似头冠的主峰定名为凤鸟髻山，把腹地形似飞翔之凤的三座山峰称为飞凤岭，把东北形似凤尾的三座山坡称为凤美岭。故此，将众多山峰看作一只飞翔的凤。

　　唐代堪舆家在南方发现双髻槎山似凤凰之头冠后，认为这片山地应称为凰，凤与凰双双飞翔，故将翔凤山改为凤凰山。凤凰是美丽的吉祥之鸟，为祥瑞的象征，寓含着人们对幸福生活的希望和寄托。此山以凤凰为名，也代表了当地百姓心向幸福生活的美好愿望。唐《元和郡县图志》载："凤凰山，在海阳县（今潮安区）北一百四十里。"凤凰山自唐代立名，沿用至今。

　　凤凰山是粤东地区最高的山，山上乌褐色的岩石裸露，悬崖峭壁，奇山异峰，十分壮观。相传古时候，凤鸟髻山、乌岽山是神仙嬉游的地方。山顶上有面积4公顷的天然湖泊——天池，池水碧波荡漾，传说是王母娘娘沐浴之处。在此产生了神仙与名茶、皇帝与名茶、驸马爷与名茶等诸多传说。现在凤鸟髻山和乌岽山顶还有仙井、仙脚迹、仙交椅，飞凤垭有仙人池等遗迹，这些都给凤凰名茶披上了神奇美妙的面纱。加上那沁人心脾的茶香，令人遐思万千，飘然欲仙。

　　古往今来，凤凰山吸引着众多游人，无论是文人墨客，还是达官贵

🫖 凤鸟髻山

人，他们一踏进凤凰境地，就感觉似进入仙境，激情满怀，思绪万千，诗兴悠然，溢于言表。 在这片圣土上，留下了众多歌咏凤凰茶的不朽诗篇。 明尚书黄锦（号绚庵）等人游凤凰山之后，感慨地说："进得深山来，方知凤凰美。"清饶平知县郭于蕃（四川富顺县人）在《凤凰地论》中指出："尝观凤凰一山，吾饶❶之名胜也！"丘逢甲❷在《凤凰道中》诗云：

> 磴道千回转，连峰接凤凰。
>
> 山深民气朴，秋近谷风凉。
>
> 瀑布穿危石，梯田播晚秧。
>
> 数家临水住，羡尔好林塘。
>
>
> 山中五六月，云过雨来时。
>
> 岚气阴晴变，秋衣早晚宜。

---

❶ 凤凰镇1487年属饶平县管辖，1958年11月割归潮安县，2013年10月改称潮安区。

❷ 丘逢甲（1864—1912）光绪己丑科进士，授工部主事职。教育家、诗人。

畲民安世业，茶客话圩期。

行道未应倦，夕阳蝉满枝。

1988 年 7 月 5 日，原中共广东省委副书记谢非同志视察凤凰镇茶叶生产，游览了乌崇天池后，亲笔挥毫："乌崇人民好，天池风光美！"原中共广州市委副书记、全国政协委员、中国国际茶文化研究会副会长邬梦兆同志于 2003 年作《凤凰单丛》，诗云：

凤凰山上凤凰舞，特产单丛冠四方。

宋帝南奔亲口嚼，一杯细品顿心凉。

边红腹绿蒂凝碧，色翠味甘香绕廊。

送礼迎宾茗极品，闻名遐迩乌龙王。

2007 年 9 月，98 岁高龄的茶学泰斗张天福先生在凤凰山考察品茗，即兴题词："凤凰单丛茶，清香满天涯。"

如今，凤凰山已发展为旅游区，海内外游人们一致盛赞凤凰山是吉祥美丽的名山胜地。自唐《元和郡县图志》标明凤凰山至今，这个称谓沿用。自唐以后，凤凰山区随着居民的迁徙，出现了民族文化、农业文化和凤凰名茶文化。

二　凤凰单丛的历史沿革

相传南宋末年（1278 年），宋帝南逃，路经凤凰山时，口渴思饮，苦无水源，侍从们在山上找到一种树叶，嚼后生津止渴，自此后人传栽，称为"宋茶"。

清代，凤凰茶的种植加工技术已经形成，凤凰水仙已是全国名茶之一。俞寿康《中国名茶志》载：清嘉庆十五年（1810），凤凰水仙茶已是清时全国24种主要名茶之一。

光绪二十六年（1900）《海阳县志》卷四六《杂录》载："凤凰山有峰曰乌岽，产鸟喙茶，其香能清肺膈。"光绪年间，已有凤凰人远渡海外谋生，凤凰茶开启远销海外的篇章。

民国初至抗日战争爆发，曾是凤凰茶历史最兴盛的时期。1915年，海外凤凰茶人选送凤凰水仙参赛巴拿马万国商品博览会，荣获银奖。

抗日战争爆发后，出海口被封锁，销路停阻，茶价狂跌，茶园或丢弃荒芜，或砍挖改种杂粮，凤凰茶呈现衰败景况。

中华人民共和国成立前，凤凰镇低山没有种植茶树，现今保存的古树资源主要分布在中、高山区域。

20世纪50年代初、中期，政府号召在山区发展经济，单丛茶从中、高山向低山拓展。凤凰茶处于恢复和发展起步阶段。

60年代，凤凰茶叶生产进入迅速发展阶段。

70年代，凤凰茶叶生产进入巩固提高时期。

🍵 凤凰自产茶叶一条街

80 年代，凤凰茶叶生产出现了第二个发展期。政府大力规划村村通路，交通改善加速。从低山育苗带到高山种植，全镇优势互补，力促发展，带动中、高山茶区。

90 年代以来，涌现了第三次发展热潮。精心选育，改良换代，嫁接技术全面推广，科技引领高产优质，带动凤凰单丛的飞跃发展。

21 世纪，凤凰茶叶生产进入全盛期。腾笼换鸟，凤凰涅槃，实现规模化"嫁接换种"、生态化种植、精细化加工以及全方位营销宣传。

三　凤凰单丛茶树的由来

凤凰山区是畲族的发祥地，也是乌龙茶的发源地。1985 年 3 月，广东、福建、浙江三省民族事务委员会联合在广东潮州市召开国内外畲族史学术讨论会，会议中心议题是畲族族源、迁徙、语言以及畲族地区现代化建设等问题，大量的史实论证了潮州凤凰山是畲族的发祥地。朱洪、姜永兴在《广东畲族研究》（1991 年版）中肯定道："潮州凤凰山区是全国畲族传说中的始祖居住地、民族发祥地。"

在隋、唐、宋时期，凡有畲族居住的地方，就有乌龙茶树的种植，畲族与乌龙茶树结下了不解之缘。隋朝年间，因地震引起山火，凤鸟髻山狗王寮（畲族始祖的居

🍃 乌龙茶之乡——石古坪村

🍃 红茵鲜叶

住地）一带的茶树被烧死，仅存乌岽山、待诏山等地仍有种植。由于凤凰山制茶的村名为乌岽，其音译似"乌龙"。在历史上，凤凰山上的畲族人于隋、唐、宋、元和明初多次向东迁徙，乌龙茶被带到福建等地种植。凤凰镇石古坪村目前的居民以畲族为主，石古坪村主产的石古坪乌龙是凤凰名茶之一。

古时，凤凰茶树只有两个品种：乌龙和红茵（即鸟嘴茶的前身）。宋代，凤凰山民发现了叶尖似鸟嘴的红茵茶树，烹制后饮用，觉得味道比乌龙茶好，便开始试种。时逢宋帝赵昺被元兵追赶，南逃入潮州，于是，民间产生并流传"赵昺路经乌岽山，口渴难忍，山民献红茵茶汤，赵昺饮后称赞是好茶"的故事，更有神化了的凤凰鸟闻知赵昺等人口渴，口衔茶枝赐茶的传说。据这一说法，凤凰茶应起源于南宋末年。

🍃 红茵干茶

☕ 红茵茶汤

☕ 红茵叶底

另一传说是凤凰山民闻知宋帝逃难到凤凰山，煮茶迎接圣驾……这个故事说明凤凰茶在南宋以前就有了。华南农业大学严学成教授通过对凤凰茶叶细胞的分析化验，得出茶叶的角质层是原始类型的，由此可以推断，凤凰茶的历史远远超过1 000年。

从凤凰山的先民发现和利用红茵茶树开始，从野生型到栽培型，从挖掘移植现成的实生苗至选用种子进行人工培植种苗，凤凰人精心培育筛选并总结经验。在"单株采制、单株优选"的过程中，凤凰最早的"育种匠人"开创了"名丛"优选优育之先河，经历代凤凰人的传承不懈，发展培育出众多的凤凰单丛。据探查，凤凰镇目前有树龄100年以上的古茶树10 000多株，传承培育发展至今已有100多个品系。

红茵

红茵是野生型茶树，是栽培型"鸟嘴"（即凤凰水仙）茶树的前身，因嫩梢新叶的前端呈现斑斓的浅红色而得名。

🍵 鸟嘴（凤凰水仙）

宋代，凤凰山民便开始从山上挖掘红茵的实生苗，移回厝前屋后种植。从此，凤凰人就开始栽培茶树。

在漫长的历史长河中，红茵随生长过程自然而然地杂交，产生"红心"红茵和"白心"红茵 ❶ 两个品种。

红茵生长在海拔 450 米以上的荒山野岭或薪炭林之中，喜欢阳光而怕潮湿，喜欢云雾而怕阴雨，是一种抗病虫害能力强、耐寒、耐旱、生命力很强的茶种。在海拔 1 498 米的凤鸟髻山的巍岩峭壁上，在万峰山的石壁下，在大薪輋、塭肚山山坡的砂砾土地上，红茵茶树年复一年地茁壮生长。

在形态上，红茵与后来的鸟嘴茶树一模一样，但彼此之间也有不同：一是茶芽的绿色深浅和有无茸毛的区别，红茵的嫩芽不但有茸毛，而且特别多；二是红茵的鲜叶背面也有茸毛，鸟嘴茶树的鲜叶背面无茸毛或者仅有少量的茸毛。

本书编委黄柏梓先生于 1990 年多次对乌崬桂竹湖村水口山（距该村西南 300 米处，海拔约 1 100 米）的红心红茵茶树进行考察，记录有：红心红茵，有性繁殖植株。小乔木型，大叶种，迟芽种。该树高 3.6 米，树姿直立。因昔年被山民砍伐后，在地面上的树茎重新发枝，分为 4 枝。骨干枝地面茎周长分别为 19 厘米、14 厘米、13 厘米、11 厘米；最低分枝高达 2 米，分枝疏。发芽密度较疏，芽色绿，有茸毛且较多。

已陈放多年的红茵成茶外形美观，条索紧卷，沉重坚硬，乌褐色、油润；香气细锐，汤色枣红，滋味甘中带苦涩，回甘力强，山韵浓，耐冲泡。

红茵茶树的鲜叶与成茶含大量的茶多酚、儿茶素、咖啡碱，是很好的治疗伤风感冒、明目去肝火的药剂。

本书主编桂埔芳女士为考察红茵野生茶树目前的状况，在虎头村茶农黄继雄的支持下，于 2018 年 4 月 28 日采摘了海拔 1 000 多米高山上的新梢原料，其制作工艺是鲜叶→杀青→揉捻→烘干。2018 年春，红茵成茶品质特征为：条索紧结，绿褐微黄、油润；香气细腻，微带花香；汤色浅黄；滋味浓，微涩，回甘力强，耐冲泡；叶底软亮，微黄。

目前，海拔 800 米以下已无红茵茶树踪迹，只有在海拔 800 米以上的荒山野岭，

---

❶ "白心"红茵为山民误称，实际上，它是绿色的新叶，不是白色的。

方可寻觅到红茵的野韵风味。

水仙

凤凰水仙品种属半乔木型，中叶偏大类，早生种。古称鸟嘴茶，系从红茵品种培育而成。《中国名茶志》载：凤凰水仙是一个资源类型复杂、熟期迟早不一、叶片形态殊异的地方群体品种。原称"鸟嘴茶"，1956年正式定名"凤凰水仙"。1984年列为国家级茶树良种，编号"华茶17号"。

"鸟嘴茶"的名称有两种说法：一是因鲜叶尖的形状侧看酷似鸟嘴，因而得名；一是传说南宋末代小皇帝赵昺被元兵追逐，南逃至凤凰山，口渴思茶，哭闹不休。时有一只凤凰驾着彩云，口衔树枝赐茶，赵昺止渴后传种。因是凤凰鸟嘴叼来的茶叶，遂称"鸟嘴茶"，亦称"宋茶"（今仍保持这个称呼。清代诗人丘逢甲称其为"鹩嘴茶"）。

《潮州茶叶志》载："过去很久时，群众称它为鸟嘴茶。解放后，一九五六年，全国茶叶专家们才命名为'凤凰水仙茶'。这是因为凤凰相传是一种祥瑞的鸟，为鸟中之王，古称瑞鸟。水仙是我国的一种名花，春寒吐蕊，芬香袭人，高洁如仙，有'凌波仙子'之美称，把'凤凰'和'水仙'这两个美名融为一体，安在茶树品种上，可见这个品种是多么名贵，寓意也极为精当深刻。"

事实上，早在1915年就已有"凤凰水仙"这个名称并一直沿用。1943年《丰顺县志》记载："凤凰茶亦名水仙。又称鸟喙茶。"1954年，饶平县农业技术站印发的《茶叶生产技术手册》中多处记有凤凰水仙茶的名称，载："种的茶苗如是水仙茶（即鸟嘴茶），可按苗的长短剪去小部分主根顶枝……""消灭虫害：凤凰水仙茶中发现严重的茶蛀虫（茶天牛）……"1955年，凤凰茶叶收购站的收购牌价表中就有单丛、浪菜、水仙等级之分。以上这些文献资料充分说明"凤凰水仙"这个名称在1956年国家正式命名以前就有了。

凤凰人一直对茶树的栽培、制作技术及品饮技艺进行着探索改进和推广应用，并不断总结经验，一步一个脚印地向前迈进。经过数代人的努力，终于把野生的红茵茶树培育成了栽培型的鸟嘴茶树（凤凰水仙）。

1964 年，中国农业科学院茶叶研究所曾对凤凰水仙进行了分类调查，分成 13 个类型，其中以乌叶、白叶类型为主。这两大类型各具特点：白叶类茶树采制成的白叶单丛外形紧条，花蜜香高，滋味醇和；乌叶类茶树采制成的单丛身骨重实，滋味浓醇，耐冲泡。

凤凰水仙茶树为有性系资源群体。一般 2 月下旬萌动，3 月中、下旬开采，有特早芽种、早芽种、中芽种、迟芽种之分。休止期为 11 月下旬。芽叶生育能力强，新梢浅绿泛黄，梢有茸毛。产量高。抗逆力强，是适制性好的品种。凤凰水仙既可在高山生长，也可在平原、丘陵生长；既可制作乌龙茶，也适制红茶、绿茶。其成茶具有自然的花香、鲜爽甘醇的滋味，回甘力强，耐冲泡。经后人精细筛选、培育分离出凤凰单丛，使凤凰的茶产业不断向前发展。

凤凰单丛

凤凰单丛是凤凰水仙品种中众多优异单株的总称。各个单株形态或品种各有特点，由此也造就了口感、香型丰富的凤凰单丛茶。凤凰单丛与其他茶类显著不同之处是以香味特征区分品系或品种，是具有自然花香型的乌龙茶。凤凰单丛既是茶树的品种名，又是商品名和级别名，是国内乃至世界产茶区独特的茶品。

1984 年以前，国家实行茶叶统购统销政策，商品茶冠以单丛、浪菜、水仙，不同的名称分别代表不同的质价标准，"单丛"是高品质的象征，其香气与滋味是评定的依据。凤凰人世代传承、呵护这一世界茶区罕见、独特的资源群体，并不断发掘应用古树资源，增添凤凰单丛优异后代，为持续发展凤凰茶产业夯实基础。

原华南农业大学茶学系主任、茶叶学科带头人陈国本教授是凤凰茶区科技进步的领路人。他身体力行，力促华南农业大学、湖南农业大学、广东省农业科学院茶叶研究所、湖南省农业科学院茶叶研究所开展凤凰茶类创新、香气遗传物质 DNA 定位检测研究。陈国本教授综观凤凰茶史，实地调研，科学提出凤凰单丛茶演化形成途径：凤凰水仙群体衍生"单丛"（有性植株），单丛又衍生"株系""品系"和"品种"（无性系）。

"九五"期间，广东省科学技术委员会将凤凰单丛茶香气作为攻关课题，委托华南农业大学进行研究。由华南农业大学茶学系戴素贤教授主持，该课题通过鉴定、验收后，成果获"广东省2000年科学技术奖"。其论文《凤凰单丛茶的品质风韵》以感官品质审评术语和理化分析数据，论述了凤凰单丛的品质风韵和主要化学成分含量。

单丛茶主要化学成分及含量

品名		水浸出物总量(%)	醚浸出物总量(%)	茶多酚总量(%)	氨基酸总量(%)	儿茶素总量(%)	酚/氨
白叶单丛	鲜叶	39.52	10.30	28.13	2.13	144.48	13.21
	毛茶	37.03	9.50	26.77	2.62	123.48	10.22
黄枝香	鲜叶	39.94	12.00	29.22	2.23	158.42	13.10
	毛茶	38.11	11.45	27.32	2.61	134.69	10.47
芝兰香	鲜叶	39.54	11.30	27.94	2.32	144.54	12.04
	毛茶	37.12	10.62	26.27	2.76	126.88	9.52
桂花香	鲜叶	40.37	11.68	28.50	2.21	160.93	12.90
	毛茶	38.61	10.88	26.37	2.70	141.63	9.77
八仙过海	鲜叶	39.96	10.98	28.22	2.48	151.99	11.38
	毛茶	37.78	10.21	26.25	2.79	122.66	9.41
玉兰香	鲜叶	39.95	11.66	28.90	2.31	158.35	12.51
	毛茶	37.76	11.11	26.32	2.62	127.31	10.50
肉桂香	鲜叶	38.86	12.06	29.43	2.14	137.21	13.75
	毛茶	38.62	11.18	28.28	2.51	118.13	11.51
蛤蛄捞	鲜叶	40.04	11.21	28.25	2.23	128.11	12.22
	毛茶	38.86	10.48	26.81	2.47	116.52	10.85
米兰香	毛茶	38.51	10.51	28.01	2.25	134.41	12.44
凤凰水仙群体品种	鲜叶	39.21	9.89	29.51	2.06	174.51	14.33
	毛茶	37.12	9.02	28.12	2.28	161.88	12.33

资料来源：戴素贤，2001.凤凰单丛茶的品质风韵【J】.广东茶叶（2）.

与凤凰水仙群体品种的主要化学成分相比，各单丛茶的醚浸出物皆较高，醚浸出物的含量与茶叶香气呈正相关。氨基酸是茶汤中呈鲜甜滋味的物质，各单丛茶的氨基酸总量均高于凤凰水仙群体品种；儿茶素是茶汤中呈苦涩味的物质，各单丛茶的儿茶素总量均低于凤凰水仙群体品种。由此，也论证了"凤凰单丛虽源于凤凰水仙，但它优异于凤凰水仙"，凤凰单丛是国家级良种凤凰水仙群体品种中的优异株系。

茶树命名法

从古至今，经世代积累，在900多年的产制历程中，形成了约上百个单丛株系、品系和品种名称。为便于栽培管理、采制识别、产销对接，凤凰单丛茶树或按茶树的形态、成品茶的外形特征，或按品质特点、生长环境，或按时代背景，或以事件、人物喻名。

1. 以茶树形态特征命名

- 大丛茶：树体高大（乔木型）茂盛。
- 望天茶：树高（8米）而耸立于众多茶丛之中，翘首望天。
- 香丛茶：名丛茶的后代，成品茶香气特别浓郁。
- 团树：树形像一个大圆团。
- 鸡笼刊：树形像农家圈养鸡的竹笼。
- 红娘伞：树形像新娘撑着的一把遮阳伞。
- 大草棚：树形像农家堆放储备稻草的大棚。
- 草坪仔：树形比大草棚矮小点。
- 过江龙：树形一侧枝长势如过江蛟龙。

2. 以叶形特征命名

- 山茄叶：如山茄树叶。
- 竹叶：细长如竹叶。
- 柚叶、柿叶、油茶叶、木仔（番石榴）、杨梅叶、柑叶、仙豆叶。
- 鲫鱼叶：如鲫鱼体形。

凤凰单丛十大香型

蛤蛄捞：叶面隆起似蛤蛄表皮。

锯剁仔：叶缘锯齿尖利如锯。

3. 以叶色命名

白叶：实为浅绿色或黄绿色的叶子。

乌叶：实际叶色为深绿色。

4. 以叶片大小定名

如大乌叶、乌叶仔、大白叶、白叶仔等。

5. 以成品茶外形特征命名

大骨贡：条索粗壮重实。

丝线茶：条索紧细挺直。

大蝴蜞：条索粗壮肥硕。

鸭屎香：手工制作难以成条，不整齐，像鸭屎坨状。

6. 因成品茶的自然香气相似于某种花香而命名

如蜜兰香、栀子花香、芝兰香、玉兰香、桂花香、柚花香、夜来香、茉莉香、蜜兰香、橙花香、姜花香等。这一分类命名方法已被茶区和销区广为接受。

7. 以成茶冲泡后的品味口感特征命名

如香番薯、咖啡香（俗称"火辣味"）、杏仁香、肉桂香、杨梅香、苹果香、水蜜桃甜味等。

8. 以所在地名命名

如乌岽单丛、狮头黄枝香、中坪芝兰、坡头芝兰、崠门、"去仔寮"种、凹崛后、岩上珍、水路种等。

9. 以事件、时代背景命名

如"东方红"（"文化大革命"时期）、兄弟仔、"棕蓑挟"群体单丛茶。

10. 特殊命名

如八仙过海、老仙翁、似八仙等。

11. 复合式命名

- 地方＋香型：如字茅黄枝香、大庵蜜兰香。
- 人名＋香型：如佳常黄枝香、国华芝兰香。
- 叶形（叶色）＋香型：如赤叶黄枝香、尖叶黄枝香。
- 地名＋叶色：如下寮大白叶、上角乌叶等。

以上命名形象贴切，惟妙惟肖地体现了凤凰茶区的人文色彩，既彰显了凤凰单丛的特有风格，又反映出不同株系或品系、品种之间各异的独特优点。

凤凰单丛的含义和品质标准

凤凰单丛在不同时期有不同的含义和品质标准。

1. 第一阶段：清光绪年间至民国时期

20世纪50年代凤凰茶人工拣剔精制过程

这一时期，凡采用优良的凤凰水仙品种进行单株采摘、单株制作（晒青、碰青、杀青、揉捻、烘焙，即整个制作过程不与别株的鲜叶或别的品种混合在一起），成品茶单独储藏、单独销售，具有一定的山韵、清香、甘味的凤凰茶，就是单丛茶。

回看历史，民国时期以前，绝大多数单丛是高山种植的有性系植株，少数是采用母树枝条繁育的无性系植株。今天，凤凰高山仍保留有这些珍贵的古树资源。

2. 第二阶段：1955 年起至 20 世纪 80 年代

中华人民共和国成立后，为了发展茶叶生产，满足国内外茶叶需求，鼓励茶叶出口创汇，从 1954 年开始，国家对茶叶管理实行统购统销政策。1955 年，凤凰镇成立茶叶收购站，业务归口广东省茶叶进出口公司汕头茶叶分公司，凤凰茶叶收购一直由茶叶外贸部门负责。凤凰茶的生产、收购、销售均严格按照品质标准执行各茶类价格。

在这一时期，单丛茶有严格标准：凡采用种植在海拔 400 米以上、经过七八十年精心培育、品质优良的凤凰水仙品种的鲜叶作原料，运用传统工艺精工制作而成，且具有外形美观、天然花香蜜韵、汤色金黄、韵味独特、回甘力强、耐冲泡特点的茶叶，就是单丛茶。

1984 年以前，在凤凰茶系列里，凡是采用凤凰水仙品种的鲜叶作为原料，以传统工艺制作的成茶，根据感官品质，鉴定级别层次标准有单丛茶、浪菜茶、水仙茶之分，这三类茶品质最优者为凤凰单丛，次之为浪菜，再次为水仙；而石古坪乌龙及色种等茶类是由于鲜叶原料的品种不同，其成茶品质特征有所区别。

1972—1980年凤凰茶收购价格

单位: 元/千克

品名	级别	一等	二等	三等	茶头
单丛	特级	23.00	21.00	19.00	1.80
	一级	16.40	14.60	12.80	1.80
	二级	10.80	9.20	7.60	1.50
浪菜	一级	6.30	5.90		1.50
	二级	5.60	5.30		1.50
	三级	5.00	4.80		1.40
水仙	一级	4.48	4.20		
	二级	3.92	3.66		1.30
	三级	3.42	3.18		1.30
	四级	2.94	2.70		0.90
	次级	2.00	1.70		0.90
石古坪乌龙	一级	10.80	9.60	8.40	
	二级	7.40	6.60	5.80	
色种	特级	5.80	5.40		
	一级	5.00	4.70	4.40	
	二级	4.00	3.70	3.40	
	三级	3.10	2.90	2.70	
	次级	2.40	2.20		

由于生产过程的某些环节操作不当，成茶品质形、色、香、味、质量差距的评定将对应不同的品名与价格。常见的有外形紧卷匀直，但由于做青不当，香气欠鲜爽或滋味欠醇爽，只能评定为浪菜级别；也有因天气原因，晒青、晾青过程不当，导致成茶虽有较好的外形条索，但滋味苦涩，叶底青绿等，或产生红汤、香闷欠爽、高火

焦味等，品质低于浪菜级别的，则评定为水仙茶。

1984 年以后，随着国家计划经济的放开，原有的凤凰茶收购政策终止，标准样价也成为历史。

3. 第三阶段：20 世纪 90 年代至今

随着嫁接换种技术的广泛应用，单丛茶的概念也随之改变。在此阶段的单丛茶制作中，鲜叶不再是单株采摘，而是纯种大集体的株系。其标准要求是成茶条索紧卷匀整、壮直重实；色泽黄褐或乌褐、油润；有自然的花香；汤色橙黄，清澈明亮；滋味鲜爽、回甘力强，韵味独特持久、耐冲泡；叶底柔软明亮，绿腹红镶边。

20 世纪 90 年代后，规模化"嫁接换种"带动茶产业飞跃发展，凤凰茶的产制与营销模式为传统与创新"两轮并驱"。凤凰茶收购与销售实行议购议销，评定标准已发生变化，水仙茶命名的意义已不是计划经济时期的品质定义，常见有"老丛水仙"的价格高于单丛茶。茶农们可根据茶叶的立地环境、品质特征和资源的珍稀性，拥有优质高价、次茶低价的话语权，茶叶购销与内外销市场同步接轨。

1995年10月广州全国名茶总汇店的零售价格

单位：元/千克

品名及等级	宋种单丛	黄枝香单丛	芝兰香单丛	桂花香单丛	凤凰单丛	白叶单丛二级	白叶单丛三级
零售价格	9 600	4 760	2 200	1 760	488	300	220

注：广州全国名茶总汇店位于广州市中山五路，是广州市供销社下属的茶叶专卖店。

2000年6月广东某公司与上海等公司的交易价格

单位：元/千克

品名及等级	通天香单丛一级	通天香单丛二级	宋种单丛一级	宋种单丛二级	八仙一级	八仙二级	黄枝香单丛
零售价格	43 600	25 200	5 300	3 600	7 200	4 000	2 400

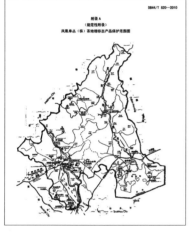

ICS 67.140.01
X 55
备案号：30695—2011

DB44

广 东 省 地 方 标 准

DB44/T 820—2010

地理标志产品 凤凰单丛（枞）茶

Geographical Indications for Fenghuang Dancong Tea

2010-11-11发布   2011-02-01实施

广东省质量技术监督局 发布

目前，凤凰单丛有企业标准和地方标准。生产企业或销售企业根据鲜叶采制的地域、株系、品系、品种、季节、加工等因素，综合评定成茶的形、色、香、味，制定每年的产品价格。凤凰单丛茶香型众多，其中突出的有三大香型：蜜兰香型、黄枝香型、兰花香型。

潮州市农业局、质量技术监督局于 2007 年启动了凤凰单丛（枞）茶地理标志产品保护申报工作，2010 年获得国家质量监督检验检疫总局批准。2010 年 11 月，广东省质量技术监督局发布地方标准《地理标志产品凤凰单丛（枞）茶》（DB44/T 820—2010）。该标准具有明显的地方特点，对促进规范凤凰单丛（枞）茶的生产和销售起到指导和保护作用。

今天，凤凰茶区在规模化发展之路上，传统模式和现代模式并驾齐驱。原潮州市农业局邱陶瑞科长在《中国凤凰茶·茶史茶事茶人》中对凤凰茶区现况如是说：

> 传统模式仍主要应用在单丛母树，这些"老丛"的茶树树龄少则几十年，多则几百年，树势高大，产量不多，茶叶品类出类拔萃，具有标志性意义，价位高企；现代模式主要应用在从单丛资源中分离选育的新品种，从母树繁殖发展的品系，甚或株系，经扦插育苗或嫁接换种的无性系后代，采用半机械化或机械化集约型加工，是现代凤凰单丛茶生产的主流。

这正是近 20 年来现代凤凰茶产业栽培加工状况的写照。

第二章 · 茶树生长的自然环境

凤凰水库

一　生长环境

凤凰山是粤东地区最古老的山脉，由大大小小几百座山峰组成。凤凰山系福建戴云山脉向西南延伸的斜脉，整个山脉呈东北—西南走向，绵亘在大埔、丰顺、潮安、饶平等县的交汇处，峰峦重叠，高耸入云。凤凰山的海拔高度为350～1498米，故有"潮汕屋脊"之称，海拔1000米以上的山峰有50多座，仅凤凰镇周边的界山就有21座：西北部的凤鸟髻山峰高1498米，乌岽山峰高1391米；东北部的笔架山，峰高1134.7米；东部的大质山，峰高1143.9米；西部的万峰山，海拔1316米；南部的双髻樑等。这些山的山腰以至山下都是凤凰单丛茶的主要产区。高山的气候及土壤条件给凤凰茶树提供了良好的生长环境，孕育出凤凰单丛优良的品质特征。

凤凰山的花岗岩体属燕山运动第三期的岩浆岩（据说是13700万年以前形成的），大多为黑云母花岗岩，粗粒结构，岩石风化较深，表层物理风化不断发展，自然形成多类型土壤。因此，在凤鸟髻山、万峰山、乌岽等山的山腰上，是粗晶花岗岩发育的山地红壤土和黄壤土，表土层有机质积累丰富，pH为4.5～6.0。这些微酸性土壤为茶树提供了物质基础；凤凰单丛独特的山韵风格，是其得天独厚的地域优势所形成的。正如《凤凰地论》所述："乌岽山、黄泥坑（万峰山下的一个地方）俱出上等佳茗，凤鸟髻、金山湖皆有苎葛齐生。"

程启坤《茶化浅析》（1982年版）曾论述土壤对茶树的影响："一般

🫖 乌岽古茶园

认为在含腐殖质较多的沙质壤土上生长的茶树，鲜叶中氨基酸含量较高、滋味鲜醇，茶叶品质较好；而生长在黏质黄土上的茶树，鲜叶中往往茶多酚含量较多，味较苦涩。"并指出最适合茶树生长的pH为4.5～6.5，土壤pH为5.0～5.5时，茶树生长最好。

在凤凰茶区海拔800米以上的高山区域，植被覆盖好，以黄壤土为主，质地重壤至轻黏，团粒状结构，土层深厚，表土层有机质平均含量为4.26%，土壤呈酸性，pH5.0～5.4；海拔400～800米的中山区域，以红壤土为主，表土层有机质平均含量3.81%，质地中壤至轻黏，结构团粒到小块状，pH4.6～5.4；海拔400米以下的山地以赤红壤土为主，表土层有机质平均含量1.93%，质地轻壤至重壤，粒状至块状结构，pH4.4～6.1。

乌岽村高山云雾缭绕，植被覆盖率高，土壤有机质含量高，出产茶叶香锐高长，滋味醇爽，极具独特"山韵""丛韵"。

东部的大质山（古称"百花山"，宋代称"待诏山"），为花岗岩形成风化土、含沙量较多的红壤土，山坡陡峭，茶园的园基尽是片麻岩含沙量多的红壤，地面水易渗透流失。因此，茶树的树根往下生长，茶树的主根长度超过地上部的长度，茶树的生命力很强。山坡面向西南方，日照时间长，地表水分蒸发量大而干燥，因此，茶树根深蒂固地在砂砾、石缝隙中生长。石古坪村、田寮埔村、棋盘村出产的茶叶，有浓郁的栀子花香味和"铁锈味"的山韵（大质山蕴藏油页岩的缘故），这里出产的黄枝香单丛和石古坪乌龙品质优异，十分惹人喜爱。

凤北官头輋村等地所产茶茶韵轻于乌岽村的茶，而汤色较浓；乌岽桂竹湖村的茶，口感中有土味；李仔坪村出产的茶，口感末尾有点苦味；大庵村出产的茶，口感中带点涩……由于生长环境不同，成品茶呈现的山韵、香气、滋味多姿多彩。

二　区域分布

凤凰山地处北回归线之北，北纬23°53′，东经116°40′。地形从北到南由高山过渡到丘陵、谷地、平原，面向南海。此地距离海洋只有几十千米，受海洋暖湿气流的影响，常年温和凉爽，平均气温为17～18℃，属于南亚热带季风性湿润气候。"夏天无酷暑，冬天无严寒"，恰合茶树喜温喜湿的特性。

东南方的山峰比较低矮，仅有"待诏（今大质山）佳气东来，突起巽峰"[1]，有利于南海暖湿水汽的进入，产生抬升、冷却的作用造成大量降水。凤凰山区为多雨地区，一般年份降水天数为140天，降水量2 000～2 200毫米。凤凰山的植被绿化率达到96.4%，水分蒸发慢，空气相对湿度保持在80%以上，为茶树生长提供了足够的水分。茶树的年生长周期较长，在海拔400米以下的山区茶园，11—12月仍是一片采制冬茶、雪茶的繁忙景象。

古人把潮汕地区与二十八星宿中的牛星相对应，称为"牵牛下南海"，并以该宿位预测吉凶。虽然古代缺乏现代科学知识，但智慧的凤凰茶农们在生产实践中，总结出许多预测天气指导作业的谚语，颇为生动传神。如"云盖中秋月，雨淋元宵灯"，预计来年春雨早来临，茶芽早生快发；"雨淋清明纸，日曝谷雨田"，料定谷雨

---

[1] 黄柏梓，1992.凤凰地论注释【M】.潮州：凤凰镇文化站. 意为在东南方的待诏山拔地而起，祥云紫气从东飘来。

季节干旱，"谷雨茶"收成好；"空心雷，过午雨"，意思是说上午11时左右响雷，过了中午就要下雨，不宜采茶；"久雨逢庚晴""若逢初一或十五不晴，隔一夜也得晴"，肯定天气会转晴；"夕阳照西山，明日蓑衣免穿"，预料明天天气转晴等。这些农谚有助于帮助指导茶业生产，防御灾害性的天气，夺取茶叶好收成。

凤凰镇所处纬度低，每年的霜期不长，一般只有2～3次，每次3～4天，多发生在小寒至大寒，或大寒至雨水之间。在凤凰镇的范围内，受地形的影响，各村落的气温也有差异。凤凰气象观测站的记录资料表明：东兴村年均气温20℃、东赏村19.5℃、老君溜村18.9℃，因此，有"十里不同天"之说。山峰高耸，云雾缭绕，日照时间短，直射光照少，漫射光多，昼夜温差3～4℃（冬季昼夜温差8～10℃），为茶树积累有机物质创造了良好的条件。

凤凰镇现有茶园8万多亩，高产茶园主要分布在北山洋、东兴洋、下埔洋、赏春洋、康美洋、虎头、坑内洋、上角洋、棋盘榕树脚洋、南坑洋和原大山镇谷地以及地处海拔高度350～500米的山坡梯田。

依立地高度，可将茶园分为：

🍃 高山茶园：海拔800米以上，以凤西大坪（海拔约800米）为高山与中山之界。

🍃 中山茶园：海拔500～700米，以凤溪水库（海拔约500米）为中山与低山之界。

🍃 中低山茶园：海拔400～500米。

🍃 低山茶园：多为海拔350米左右的山坡梯田。

1990年以后，凤凰镇政府提出"茶园单丛化，单丛名优化"作为建设名茶生产基地的发展目标，开展对凤凰单丛茶资源的调查、鉴别、筛选工作，建设资源圃。依托科技促产业升级，分别在2002年、2009年、2012年先后育成省级茶树良种凤凰黄枝香单丛、凤凰八仙单丛、乌叶单丛茶。这三个省级良种种植面积现已达到2万亩以上。

凤凰镇茶园有黄枝香、芝兰香、八仙、玉兰香、蜜兰香、桂花香、杏仁香、肉桂香、姜母香、柚花香、鸭屎香、乌叶、乌叶黄枝香等高香型单丛，并以石古坪乌龙茶及杨梅香等单丛为珍稀品种，构成了凤凰名优茶大家族。

三　栽培

凤凰茶树是一种经济价值很高、年限很长的常绿作物，树龄少则几十年，多则长达数百年。古往今来，凤凰茶区十分重视栽培技术的应用，注重在开辟茶园、选种育苗、茶树护理和采收茶叶等方面进行精细管理，保留了历代茶人积累的宝贵经验，传承、发展了一批良种选育和栽培方法。

园地的开辟

讲究茶园的选址为凤凰人所共识：高山环境气候优于低山，培养出来的茶树有机物质积累丰富，成茶品质上乘；山窝地藏风聚气，光照柔和，土层深厚，土质肥沃，茶树生长快、寿命长；北坡比西坡的日照时间短，土壤湿润，水分蒸发较小，茶树的寿命会较长。历史上，凤凰茶农不惜工夫，发掘宝地，在高山上、山坑里或石缝中，以愚公移山之势搬石垦荒，种植茶树。现在，在凤凰山上看到的古茶树，多零星生长在不规则的山坡、窝地或岩石旁。

1965 年 4 月，中共潮安县委发出"组织浩浩荡荡的劳动队伍，向凤凰山进军，建立一队一山头，开辟茶园，种茶十万亩"的动员令。1965 年，凤凰公社党委向各大队发出开垦"工"字形梯级茶园的号召，并要求做到"头上戴帽"（山顶植树造林）、"脚下穿鞋"（山下种杂粮或其他作物）。1966年 6 月，凤凰公社向全镇干部提出"一定要把凤凰建成富饶的茶乡"的口号。其后，凤凰全镇掀起了史上最大规模的茶叶发展高潮：古老荒旷的凤凰山上人声鼎沸，人们安营扎寨、烧荒炼山，办起了 19 个公社茶场、205

新开垦和新品种茶园

● 石壁高山茶园

● 石壁茶园近照

个大队茶场、200 多个生产队山场。至 1966 年底，茶园面积猛增至 9 697 亩，收获面积 5 336 亩，产量 85.75 吨；1969 年茶园面积超万亩（10 361 亩），收获面积 6 740 亩，茶叶总产量 100.95 吨。

凤凰茶农在山坡上修筑梯级茶园有着极其丰富的经验，其开垦茶园的形式多种多样，主要有以下四种：用石块筑成梯壁（俗称"輋坎"）开垦茶輋；锄取草皮土砖砌成茶輋；开壕沟式（俗称"撩壕"）的茶园；水田改茶园。

1. 用石块筑成梯壁的茶輋

在长满石头的山坡上就地取材，垒砌石篱，用小石填砌梯级的基脚，使其牢固；用钢钎撬凿、铁锤敲打，将岩石裂分为细石；更有众人合力将大石迁移至基脚，作为奠基石承载梯壁。梯壁随升高而逐渐向内倾斜（俗称"反倒水型"），保护梯田水土不流失，保持梯壁稳固，防止崩垮。这样自下而上，逐级筑砌梯级，在山势弯曲的地方，梯级大弯随势、小弯取直筑砌，并留有人工采茶通道。乌岽村的茶园，山坡陡峭，许多梯级高达 5 米。这类茶园工程难度大，投工量每亩需 300 多个劳动工日；但其梯壁坚固，经济年限长。今天在乌岽、大质山、凤鸟髻等山脉，这样的山坡茶园叠片美观，举目可见，见证着凤凰先辈用石块垒筑梯壁的精湛技艺。

茶农深爱着先祖赐予的土地，毫厘不荒弃，惜土如金银，在石崛、石隙、石缝边"见缝插针"，根据地形筑起石篱，造出别具一格的只能种上一株茶树的茶輋。这种盆栽式的茶园十分奇妙，在有些地方，輋边还种上黄花菜（蔬菜食用）、苎麻（叶作果品原料，枝茎纤维可纺纱线）、仙草（草果草、凉果的原料）等宿根植物。每当五六月黄花菜茂盛之季，茶绿花灿，美丽多彩，采下的鲜花可作盘上佳肴添风味，亦可将鲜花晒干出售。这样的种植方式巩固了輋坎，增加了茶农的经济收入。

2. 用草皮砖筑成的茶輋

在土层深厚的山窝里，清理好园基，用锄头打成长 30～40 厘米、宽 20～25 厘米、厚 15 厘米左右的草皮砖（不带有茅草根和土茯头的），翻过来垒砌，将草皮面朝下，按选址位置有序筑垒，上下层相互交错成"品"字形，用力压下，使其筑砌坚实。梯壁坡度 60°～70°，每筑垒 2～3 层草皮砖，必须挖松土层、填实梯面。如此，边砌边填土边开垦，砌一层填一层，至填平后，再填梯面为反倾斜坡形，以防輋坎和土层风化、水土流失。茶輋后方开一条宽 50 厘米的沟，作为蓄水和排洪之用，沟边留设 30 厘米宽地垄，当地称"鹧鸪路"（以备日后为茶树填补泥土的土垄），并与上面的輋坎相连。这类茶园工程难度不大，投工相对少，每亩茶园约需 80 个劳动工日，但其梯壁易损坏、崩塌，经济年限短。

3. 壕沟式茶园

在较平缓的山坡上，清理好园基，规划种植行距为 1.3～1.5 米。用锄头挖开宽 1 米、深 0.5～0.8 米的壕沟，然后将挖出来的表土草根填入沟内，让其发酵腐烂，增加土壤的腐殖质；也可以放入人工沤制的有机肥，并与填入沟内的表土拌匀，改善壕沟底层土壤的物理结构，为茶树根系生长提供营养成分。这类茶园是高速度发展茶业生产的一项措施，是在园基条件较好、任务紧、季节紧迫而劳力少的情况下进行的，一般每亩投工量只需 10 个劳工日。据说这种壕沟式茶园是在 1918 年兴起的，当年茶价高涨，引起全凤凰的种茶热潮，是茶农共同实践的结果。1996 年，潮州市乃兴公司在凤凰镇西坑岭运用 SK 03 型挖掘机开垦壕沟式茶园，每辆机车每天开垦 200 多米² 的壕沟，每亩茶园开垦提速只需要 4 天时间，比人工开垦节省 6 个工作日。

今天，凤凰镇政府以科技推动产业化进程，鼓励企业创优品牌，大力发展无公害和有机茶园，建设生态可持续发展的新茶区。1997 年，经过科学考察、生态选址、合理布局，潮州市天池凤凰茶叶有限公司在海拔 1 000 米以上的乌岽荒山上，融保持原生态地貌、保留原有树木、保护自然植被的理念，建成高山特色生态有机茶园。2003 年被中国科学院授予"无公害乌龙茶生产示范基地"，2011 年获农业部有机茶生产认证。

4. 水田改茶园

水田改茶园是凤凰茶区传统种植观念的一大变革。1979—1983 年，凤凰公社党委为扩大茶叶生产，号召凤西、凤溪、凤东、凤北、石古坪等 10 个大队、50 个村把旱园和水田改为茶园。把种植木薯、甘薯、芋头等杂粮作物地，按种茶的格式进行整理，种上茶苗。

在稻田，按田岖的形状规划为若干厢（畦），然后把田土连同赤麻红泥土层（俗称"田土格"）翻掘起来，筑成宽 1.5 米、高 0.5～0.7 米的梯形茶厢，并在两侧挖沟，沟深 0.5～0.7 米，田丘周围挖排灌沟，厢面如半馒头状，有利于雨天排水和旱天灌溉。

20 世纪 90 年代初期，凤凰镇原有的 6 000 亩旱园及水田已改植为茶园，实现了"耕地茶园化"，全镇茶园面积 2 万亩，茶叶产量超 1 000 吨。

不论哪种形式的开垦，都要保证茶园的肥培管理质量，达到深、净、肥、熟四个标准："深"，即开垦要挖掘深，保证 50 厘米的土层；"净"，即把茅草根、土茯头、树头、树根剔除干净；"肥"，即把原表土或火烧土回填于茶沟，下足基肥，或种上绿肥或花生，或种一造木薯或其他作物，调制土壤的肥力；"熟"，即让压在泥土里的杂草、树叶腐烂、熟化，使土壤中的空气、水分、养料调和，为茶树生长打下良好的基础。

选种与育苗

凤凰茶区茶树的种植方式经历了由种子直播到茶苗移植，从有性繁殖到无性繁殖的过程。古时候，凤凰茶仅有乌龙茶和鸟嘴茶两个品种。由于当时凤凰茶区地处高山峻岭，交通不便，与外界隔绝，茶叶销售受阻，市场不成规模，茶农采取自给自足的生产方式，茶业发展缓慢。南宋末年，乌岽山李仔坪李氏开始选择较好的茶树，取其茶果、茶籽，用点穴播种的方法进行直播，培育出一片较好的宋茶树。

明弘治十五年（1502），凤凰茶成为朝廷的贡品，因要纳贡，挫伤了茶农的生产积极性，故不重视茶叶生产，更谈不上选种育苗。

清康熙四十四年（1705）春，饶平知县郭于蕃（四川富顺县人）在《游记手札》中叙述："（凤凰茶树）干老枝繁而叶稀。询及土人（凤凰人），何以品种不一，又有龙团、蟹目、雀舌、丁香诸状……"说明当时品种复杂，茶农不重视选种。郭于蕃在县衙里接见凤凰乡绅父老时，曾多次询问茶叶生产的事，并敦促茶农培育优良的茶树品种。

后经茶农认真选育，鸟嘴茶才逐渐分离出鸟嘴茶变种——黄茶（又名"细茶"，即今黄茶丕）。至光绪年间，凤凰茶区已培育出多种优质茶的株系，并制出一些品质优良的鸟嘴茶。这些茶随华侨或去海外谋生的凤凰人漂洋过海，到安南（今越南）、金塔（今柬埔寨）、暹罗（今泰国）等地销售，深受嗜茶者的欢迎，成为市场上的抢手货。这激发起茶农们选种育苗、采制好茶的积极性。

每逢霜降季节，茶农们上山选种，从生长壮旺的名丛茶树上选摘无病虫害、果实饱满的茶果，经曝晒后将茶籽洗浸两天，让其吸足水分，然后采用两种规格（单行株距为1.7米，双行株距为1.7米×1米，按茶园的

宽窄灵活而定），以每穴 1 ~ 3 粒茶籽种在新垦茶园里，盖上湿润的泥土，让其生根发芽。 当茶苗长至约 30 厘米高时，存优去劣，选定一株苗，移植或摒弃其余的茶苗。

凤凰茶人不断地在实践中总结经验，逐步改进选种育苗、种植、管理等方法和技术，从点穴直播到单粒条播，发展到苗床散播和苗床条播，以至营养钵育苗。 尤其是从种子育苗的有性繁殖发展到长条茶枝扦插、短穗扦插，以至嫁接换种的无性繁殖。 这一过程，贯穿着茶农们不断选择、鉴定优良品种、提纯复壮的努力。

早在 20 世纪初，茶农已开始探索压条、插枝等无性繁殖方法，即茶树下部枝条割去表皮，压入土中，待长根成苗，剪枝移苗种植。

1898 年，乌崇山李仔坪村民文混为了发展优质茶，不辞劳苦，翻山越岭，到"去仔寮"村剪取了大乌叶单丛茶枝回来进行短穗扦插，精心管理数月后，枝穗萌发了新芽，后经辛勤培育数个春秋，成功育出 8 株"去仔寮"单丛茶苗。 当 8 株茶苗长至约 30 厘米高时，将茶苗分别移栽到已开垦的茶窒上，分布于悬崖旁、岩石下、坑沟边和山坡上。 通过文混的辛勤劳作，8 株茶苗苗长成长，三年打顶，四年养蓬，五年可采摘，并获可喜收成。 这 8 株茶树虽然种植在不同的地方，树势各有不同，但叶形与母树相同，生长期与采制期一致，所制成茶的香气滋味也与母树香味一样。1958 年，凤凰茶叶收购站的同志考察乌岽茶区，对这 8 株树姿各异、形态相同的"去仔寮"种深感敬畏，感慨道："真是八仙过海，各显神通啊！"百姓盛赞，且将这 8 株"去仔寮种"单丛茶树更名为"八仙过海"单丛，后简称"八仙"单丛。文混开创性的成功，打破了一贯以来用茶籽直播育苗的旧观念，开创了单株优选无性繁殖育苗的新方法。无性繁殖具备母体的优良性，新育后代表现出相同的形态特征和品质特点。

保存珍贵名丛后代，文混功不可没，他创立了凤凰茶树扦插的历史丰碑，民间广誉他为"凤凰插枝育苗第一人"。

1955 年，广东省农业厅罗铸鎏副总农技师和华南农业大学莫强教授到乌岽茶区考察，传授茶树短穗扦插育苗技术。1959 年，广东省农业厅在凤凰公社召开茶树短穗扦插育苗技术现场会，向全省推广。20 世纪 70 年代以后，凤凰全镇种子直播有性繁殖方法被摒弃，短穗扦插无性繁殖技术得到全方位应用。

1905 年，乌岽山下的去仔寮村民黄芬从越南回乡择偶成亲，发现祖上传下来的"大乌叶"名丛茶树多年来缺乏养护，已被白蚁、蛀虫侵害，枯萎将亡，仅存奄奄一息的一桠茶枝。为了拯救濒临死亡的"大乌叶"，在妻子陈财气的建议下，他仿照嫁接龙眼（桂圆）树的方法，先把"鸟嘴"茶树锯去枯枝，留下主干作为砧木，剪取残存"大乌叶"枝穗嫁接到砧木上，涂上黄泥，并用稻草拧成绳，紧紧地把它们缚住，再用黄泥包裹，这样嫁接了十多株，虽经夫妻俩辛勤管理，却只成活一株，名丛基因得以传承延续。他们为这株新生的品种取名"接种茶"。不久，夫妻俩喜得一子，取名"甘树"以作纪念。

随着岁月的推移，"接种茶"不但保持了原来"大乌叶"茶的优良品质，而且在新环境里，发展了新的优势，不断地茁壮成长。黄芬的儿子甘树也长大成人了，在家学熏陶之下，甘树练就了一身制茶好功夫，成为凤凰山上四大制茶能手之一。他把"接种茶"视为珍宝，精工制作，制成的"接种"单丛成品茶的山韵显著，天然的芝兰花香清高，深受饮茶者的青睐。该茶售价高，销路好，闻名海内外。

可以说，黄芬是凤凰单丛茶树嫁接技术的先驱。他在1905年开创嫁接名丛之先河，将凤凰茶推向规模化"嫁接换种"的新时代。

1990年秋，凤凰镇开展了挖掘、继承、发展"接种茶"嫁接技术的群众运动，茶农们根据无性繁殖的原理，借鉴黄芬的嫁接方法，不断改进、完善，形成嫁接技术体系，推动茶树嫁接换种技术应用。利用高香型的良种为接穗，以其他品种茶树为砧木，实现新旧品种的更换，改良老劣茶园，加快高香型单丛的开发，实现"单丛名优化"，向农业"三高"迈进。

1. 嫁接时间

一年四季都可以进行，但在春、秋两季最为合适。凤凰茶区多在10月以后进行。此时，接穗来源多，温度、湿度也较为适宜，嫁接的伤口愈合快，抽芽快，接活率高，生长健壮。嫁接时应避开雨天、烈日以及连续干旱天气。

2. 工具和材料

锯、弹簧剪、电工刀、须刨及刀片、10厘米长的小木桩、12厘米×20厘米聚丙烯塑料袋、包扎绳、遮蔽物等。

3. 嫁接方法

接穗的选取和贮藏

选取凤凰高香名优单丛母树冠外围中上部已打顶、半木质化成熟度的前季留养的枝梢。要求选生长充实、芽眼饱满、叶片完整、无病虫害的健壮枝条，每个枝条可剪取1～4个带有一芽一叶的短穗，短穗上的叶片应剪去三分之二，然后，用塑料袋包装保湿。原则上要求当天采穗当天接完；若接不完要贮藏或要运往外地，就要把接穗扎成小把，用清洁的湿布或草纸包后湿润，再外包塑料袋，一般可保存 15～20 天，若时间太长会影响成活率。

砧木的处理

每株茶树根据需要留取若干主干，在离地面 20 厘米处锯成砧木（若是直立型的高大茶树，必须采取台刈后，让其发新梢，翌年才嫁接），锯切口要求平滑。锯后用电工刀在砧木上打十字形，深度略长于接穗削面，然后用小木桩或竹片固定于劈口中间，再用刀把两端劈口修成楔形。或者顺锯切口边缘，以等距分别斜削一刀成倾斜 20°左右嫁接口，使砧木（主干）上为若干个接芽点。

低、中龄茶树用弹簧剪剪成砧木，高度距地面 5～10 厘米（白叶单丛茶为 30 厘米，并且适当留 2～3 枝侧枝），剪口要求平滑。在距剪口低斜面一方 0.5 厘米处，沿形成层垂直切一刀，长 0.4 厘米，即略长于接穗的直径，深于接穗的斜削面。

切削接穗

接穗取一芽一叶（已剪去三分之二）一节，长约 2 厘米。在接穗芽叶下两侧各削切面，向内一侧削成大斜面，向外一侧削至皮层与木质层之间，长约 1.5 厘米。

插接穗

把削好的接穗叶片朝外，插入已劈开的砧木接口，使两者形成层对准、密贴，然后，拔掉砧木中间的小木桩，让切口自然夹紧。对接后，若接穗不牢固，必须用尼龙薄膜带缚紧。

套袋

套袋的目的是为接穗提供一个相对湿润的小空间。用白色塑料袋开口朝下连同接穗砧木一起套罩，袋顶应距接穗芽空 10～15 厘米，然后把袋子口扎缚在砧木上，以保持袋内有一定的温度和湿度。如砧木有多个接穗，则需用大塑料袋，并在袋内附以一小竹枝，支撑塑料袋不下垂碰触接穗。

遮阴

将锯（剪）砧木时锯下的茶树枝条插在嫁接好的茶丛边，在上面盖些茅草等遮阳

◉ 接穗的选取

◉ 砧木的处理

◉ 切削接穗

◉ 插接穗

◉ 套袋

物，透光率控制在 30% 左右。

4. 嫁接后的管理

补接和除萌蘖

嫁接后 15 ～ 20 天，接穗生育基本稳定，应检查成活的情况，如发现接穗枯黄、枯死，应及时补接。补接时砧木枝条剪去切口以上部分，重新嫁接。

如发现砧木有萌蘖芽，要及时摘除或剪除（若是白叶单丛茶要适当保留，候次年才除），以免造成品种混杂。

解袋护梢

嫁接后约一个月，当接穗新梢生长接近罩袋顶端时，可一次性或两次解除套袋。分两次去袋的方法是先剪去罩袋顶端，让新梢自然破袋伸长，再过些日子解除套袋。过早或太迟解除套袋都会影响嫁接的效果。

除去遮阳物

当嫁接后抽出的第一轮新梢成熟后，即可逐步或全部拆除遮阳物。

扶梢和摘顶芽养蓬

拆除遮阳物后，为了防止新梢被风吹折，可用竹枝与茶枝捆缚固定保护，当新梢第二轮次生长至高约 50 厘米时，可以按"摘高留低，摘强留弱，摘中留侧"培育树冠面的常规做法，摘顶芽养蓬。

防旱养护

嫁接后，如遇干旱天气，需淋水润湿土壤，防止新梢失水，养护新梢成活。

施肥

嫁接后至新梢第一次生长期间无须施肥，随后按幼龄茶园施肥方法

● 1996年5月广东省副省长欧广源视察茶树嫁接技术成果

管理。

以上在老劣茶树上嫁接高香型单丛茶的做法，是一项投入少、见效快、效益好的新技术，创国内茶树嫁接研究与应用之先河。该嫁接技术获得1994年潮安区科技进步一等奖，并得到推广应用。该项嫁接技术也得到了全国名优茶开发项目协作组的肯定："广东潮安县探索成功的以嫁接为主的老劣茶园改造技术，具有四方面优点：一是育苗期短。嫁接从母本园剪取接穗到嫁接后接穗成活生长，一般只需约一个月时间。二是投产早。嫁接成活的良种茶树生长枝营养状况好，生长快，比一般新茶园可提早一年投产。三是成本低。广东扦插繁育高香名丛，苗价高，每亩投资需1万元左右，而嫁接费用每亩只需5 000～7 500元，同时每亩可节省复垦费用1 000元。四是茶叶品位高。嫁接改造后的茶树，鲜叶内质和形态保持了接穗良种的特点，能生产出高品位的名优茶。"●

1998年11月12日，该嫁接技术在潮安区科协第四次代表大会报告中得到高度评价："凤凰名优茶树嫁接技术的推广应用累计创值6 590万元。凤凰镇科普协会的'茶树嫁接技术'被中国科协列为向全国推广的十项农业实用技术成果之一。"

● 全国名优茶开发项目协作组，1997.名优茶开发项目技术研究报告【J】.中国茶叶（2）.

目前，在凤凰茶区，除新植茶园，茶树嫁接技术已全面应用于老劣茶园改植换种。这一高速度发展名优茶的有效措施，很快在全国茶区广为应用，各地硕果捷报频传。

种植与管理

茶园管理是整个茶树栽培中极为重要的一环，包括茶树种植、水、土、肥、防治病虫害等综合技术体系。

1. 种植技术

小苗定植时间

当培育小苗的苗龄达一年以上，苗高30厘米以上，苗茎围大于0.3厘米，离地至少有一个分枝时，可移苗定植。

小苗定植最好选在雨后进行，此时土壤湿润；如在晴天操作，需对种植沟（穴）淋水。在提前开挖好的深与宽各20厘米的种植沟（穴）内，将小苗立直植入，填入细土至沟（穴）深度约二分之一时，轻轻压实，并轻提小苗，以利幼苗根系舒展；继续填土至小苗根茎处，用脚适度踏实土层，淋上定根水，后铺松土至幼苗根茎上方2～3厘米，并在幼苗周围铺盖茅草约2～3厘米，盖草不可束紧幼苗根茎，这样既有利幼苗根系呼吸，又利于保湿增温、缓解土壤板结。

大苗移植时间

大苗移植技术多用于高海拔区域，始于20世纪末。将低山培育三年以上的茶树移到高山种植，是解决高山育苗期长、投产期慢的新型种植技术。

大苗移植时，需开挖大穴，确保移入茶苗有足够空间顺利入植。将茶苗从原苗圃或原种植地穴移出时，需注意起取苗种时，要多带土或用塑

🍵 攀梯采茶

料袋包裹根部，以保护根部。移植苗定植后，水分及养护管理要到位，确保移植苗成活。

2. 树冠修培技术

凤凰单丛生长环境不同，高山区域、低山区域树冠修剪方法也不尽相同，其目的均是为培育良好的采摘树冠面，最大限度地获取高产优质的茶叶。

高山茶园

在高海拔、低气温条件下，单丛茶树长势缓慢，高山茶树以疏植不修剪、培育圆锥树冠面为主。疏植茶树有利于四周均衡受光，茶树梢叶生长嫩度整齐；培育圆锥体树冠，是为"抑强扶弱"，增大采摘面积。在乌岽山春茶开采期，可观赏、采摘树龄百年以上的乔木老丛，采摘时需借助高凳、高梯或攀爬上树。高山采摘期只有春茶一季，偶有零星少量的冬茶。茶树常年处于蓄养肥培状态，为翌年春茶生长蓄势待发。

低山茶园

以采代剪是低山茶园培育树冠面的方法，可年采5～6轮次。通过采摘控制树冠面，并抑强扶弱，对长势强的枝条以采摘压低，对侧枝留叶采摘，以培育树冠扩幅平整，有利于采摘面增产。

衰老茶园

"四改一制度"是凤凰衰老茶树树冠改造的综

合技术。

　　◎ 改造树冠。视茶树衰老程度及树势大小，采用台刈 20 厘米或重修剪 40 厘米的方法修整树冠，有利茶树复壮生机。

　　◎ 改造园地。通过扩宽梯面，将原简易梯级茶园充填客土，改造成篱式永久性水平梯级茶园，有利茶园水土环境。

　　◎ 改造土壤。深翻茶行土壤，加施有机肥，并用客土培厚土层，有利于增加茶树养分。

　　◎ 改善管理。除草追肥，防控除虫。

　　◎ 合理采留制度。树冠处理后的第一、二年，以蓄养树势、培育树冠为目标，对新萌枝梢，以打顶采摘为主，促使腋芽横向生长、茶树均匀生长，培育良好的采摘树冠。

3. 施肥方法

　　回顾凤凰茶史，20 世纪 50 年代以前是没有施肥和防治病虫害管理的。中华人民共和国成立后，党和政府对茶叶生产相继出台鼓励帮扶措施，有效提升了茶农的种植管理技术，开始向精工细作、科学种植迈进。

　　1954 年，饶平县农业技术推广站提出茶树增产的措施：一要施肥，如施用硫酸亚铁、人粪尿或腐熟的豆饼掺一些过磷酸钙。二要做好中耕除草。三要消灭虫害，发现蛀虫时捕捉灭死；用石灰剂涂抹树干，防止成虫产卵；发现有新虫粪的茶树，可用药棉蘸液体二硫化碳塞进虫孔内 3 ～ 7 厘米深处，外面用泥土封住洞口。四要消灭茶树上的寄生苔藓、地衣。五要实行台割修剪，间种豆类作物或绿肥和盖草❶。

　　经宣传发动后，凤西乡大坪村涂云程互助组率先开展茶树施肥试验。从此，凤凰茶树施肥历史开启新篇。惊蛰时，每亩茶园施豆饼 30 千克、硫酸亚铁 20 千克、农家肥 1 000 千克，开穴或开沟施下，当年就增产 20%

❶ 饶平县农业技术推广站，1954.茶叶生产技术手册【C】.潮州：饶平县农业技术推广站.

以上，收到了立竿见影的效果。之后，由点到面，由少到多，逐步将几项施肥方法推广。1957年以后，茶树施肥全面铺开。

有些茶农施用土杂肥、沼气池渣、沼气水等有机肥，既可降低成本，又能改良土壤，还能提高茶叶单产和品质。沼气池渣肥效长、效果好，该项技术成果在1982年通过省级鉴定，先后荣获县、省的农业技术推广奖，并在《中国沼气》和《生态农业》等国家级杂志上刊载。

4. 客土覆盖

茶农们掌握了茶树喜爱酸性土壤的特性，采用客土覆盖法养护茶树。在冬茶结束后，对茶园进行深耕，翻开茶行土壤，填入20厘米以上的生荒客土代替施肥，补充营养，使芽抽得长、叶长得嫩、茶树茂盛，达到增产的目的，来年可增产20%以上。凤凰茶区现存许多百年古茶树，挺拔健壮，品质提高，产值增加，这些茶树的守护人就是沿用此土法进行精细管理的。

现代农业倡导保护生态环境、生产有机茶，这一传统的简易方法是一个值得推广的极好措施。其具体做法是：每亩茶园客入黄土20～175吨，数年进行一次。

5. 中耕除草

中耕除草的主要目的有三：第一，使茶园土壤疏松，除掉与茶树争吸养分的杂草，保证足够的水、土、肥，以满足茶树生长旺盛的需求。第二，使地表的茶根更新，有助侧根、主根向下蔓延生长，吸取地下深层的水分和养料。第三，使茶园通风透光，消灭某些病虫孳生地，为茶树提供优良的生长环境。

✐ 除草时间。幼龄茶园是培育稳产高产茶园的基础，通常每年浅耕3～4次，且做到见草即除。成龄茶园通常每年浅耕两次，在春茶采摘后

● 中国科学院潮州无公害乌龙茶生产示范基地

（约小满前后）和霜降前后进行。如果茶园间种花生、黄豆等作物，就等待收成之后进行。

🖉 除草方法。除草结合压豆藤、绿肥作物和施土什肥同时进行。一般浅耕深度26～40厘米，并且注意做到：畦面前高后低，向后倾斜，防止水土流失；夏季树下泥土扒开，以防白蚁上树，冬季树下加土，以提高地温，预防树头受冻；茅草、土茯、香附等顽固杂草连根挖掉；修通后坎沟；鹧鸪路、梯坎上的杂草要用镰刀割除干净。

6. 防治病虫害

凤凰山气候温暖湿润，适宜茶树生长，为病虫害繁殖提供了孳生温床。茶叶生长期长，芽叶为虫害提供充足的食料和寄生场所。1954年以前，茶农对茶园管理欠缺防治意识，病虫害时有泛滥，导致茶叶产量降低，品质变劣；甚至茶树枯死，茶园荒芜。

据1954年调查，当地常见的害虫有蛀心虫、蛀梗虫、象鼻虫、跳蝉、茶刺蛾、蚜虫、金龟子等；常见病害有黑煤病、立枯病、赤叶斑病、赤叶枯病等；常见寄生有苔藓、地衣、蟹目寄、蕨类等。饶平县农业技术推广站特别指出："凤凰水仙茶中发现严重的茶蛀虫（天牛），这些蛀虫已给茶农带来了重大损失，因为这虫蛀食茶树根部，使茶树枯死，大大地影响了我们的增产，希望茶农们一起做好防虫工作。"由此，凤凰茶区防治病虫害工作开启。

时年冬，乌崇村文永权互助组开始根治茶天牛的行动，其具体做法包括：捕捉成虫；用石灰剂涂抹树干，防止成虫产卵；发现有新虫粪的茶树，用药棉蘸二硫化碳堵塞洞口熏杀等措施，获得显著成效，得到凤凰区政府的表扬并迅速在全区推广。后来，用二硫化碳治理茶天牛的成功经验，由广东省农业厅罗铸鎏副总农技师总结成文，在国外科技杂志上发表并获得好评。

1963 年 8 月 16 日，鸡笼山公社茶场的 200 多亩茶园发生了历史上罕见的红蜘蛛、小绿叶蝉等虫害，茶叶骤然凋萎枯黄，以至脱落树下。凤凰农技站人员与茶场技术员马上进行会诊，采用了"石灰硫黄剂"药液喷射和耕作方法的疗养，进行松土、增施肥料等三项措施，及时消灭了害虫，确保了秋茶的生产和雪片茶的增产。

自此，凤凰供销社建起炉灶，在农技站人员的指导下，熬煮石灰硫黄剂，供应各生产队，防治病虫害。随着"科技兴茶"热潮，茶农对防治病虫害的意识和技术有所提高，因地因情采用不同措施防治茶树虫害。小绿叶蝉在春末夏初和秋季有两个发生为害期，茶红蜘蛛发生为害期在秋季。高山区域通常只采春茶一季，无需施药防治；中山以下的区域，通常在二春茶至秋茶期间集中防治 2 ~ 3 次。

进入 21 世纪，凤凰茶区创建生态型茶园，从源头强化茶叶卫生标准，生物防治与物理控制结合已成为常态化的管理模式。中高山茶园不使用农药，因为在高湿的环境中，古茶树身上会附生苔藓和地衣。苔藓是一种附着在茶树干上的黄绿色植物，地衣是一种青灰色的紧贴在茶树皮的叶状体，是真菌和藻类的共生体。苔藓和地衣附着在茶树干上，吸取茶树水分和养分，易导致害虫潜伏越冬。凤凰茶农对此采取物理防治法：雨后到茶园里，人工剥除寄生在茶树上的苔藓和地衣，以促进茶树良好生长。低山茶园在夏季有个别虫害的地方，使用的是国家规定标准的农业药剂。

● 凤凰古茶树老干虬枝，苔藓明显

四　茶树的形态特征

凤凰镇保留古茶树众多，茶树资源丰富。无论在村前屋后、溪边沟旁，还是在公路、大道两旁，或者在田野、山坡上，都能看到绿茵成片的茶树。这些茶树有的亭亭玉立，有的婆娑如伞；有的高大直立，有的低矮丛生……

按树型，可将茶树分为乔木、小乔木、灌木三种类型，它们既有共性，也有个性，彼此有共同的形态，也有不同的特征。

乌岽管区李仔坪的黄茶香单丛树，树高 6.28 米，主干茎围 1.03 米；宋种单丛茶树，树高 5.8 米；桂竹湖村的香得乐，树高 5.05 米，主干地面上的茎围 1.18 米；

本书编委探访香番薯母树

凤北管区官头峯村黄枝香单丛茶树，树高 5.9 米，主干地面上的茎围 0.93 米；狮头脚村的芝兰香等。这些单丛树直立高大，十分苍劲，主干明显，树干上间有不规则的突起条纹，还附着苔藓、地衣，树姿直立或半张开。这些茶树属于乔木型。

乌岽管区狮头脚村的香番薯茶树，树高 4.39 米，刚好在地面上有 8 枝分枝；凤西管区大庵村的宋种仔茶树，树高 5 米，在地面上 0.02 米处有 6 枝分枝，枝干尚明显，树姿高大，半张开。这些茶树属于小乔木型。

乌岽管区湖厝村的峯门，树高 2.92 米，在地下部长出 17 枝分枝；狮头脚村的黄枝香，树高 2.2 米，地面有 7 枝分枝。这些茶树没有明显的主干，分枝密，树姿开张如伞，应列入灌木型。但这些灌木型的茶树，是人为等因素造成的，归入小乔木型更恰当，在平原地区或半山腰的茶树比较低矮的、树龄较小的或台刈的茶树像是灌木，但仍不是灌木型。真正的灌木型是退化了的黄茶丕，其树身不高，没有明显的主干，分枝低或在地面上或在根颈处发枝，树姿开张，树幅短，树冠小，枝叶小，寿命也不长。

单丛茶树的根系非常发达。如果是用种子繁殖的，胚根发育成主根，垂直伸入土中吸收水分和养料，一般主根长 2 ~ 3 米。1989 年盛夏，在乌崀李仔坪坑心附近，因山洪暴发，一株树龄 200 多年、4 米多高的茶树被洪水冲露出 5 米多长的主根，其主根竟超过地上部的树身长度。这证实了历史上关于大质山茶树的主根长度超过树身的说法。

凤凰单丛古树资源绝大部分是以有性植株形态保留下来的，但少数由于母树枯死，经扦插培育的无性植株形态，树龄以百年以上居多。

在乌崀山和官头峯村等地，常见的古树老干虬枝，十分苍劲。树干间有不规则的凸起条纹，还附着苔藓、地衣和蕨类，枝条曲折蜿蜒，枝干表皮多呈暗褐色或灰白色。在新的枝条上着生的叶片为青绿色或黄绿色，茶芽为黄绿色或嫩绿色。采摘后留下的枝条变为浅棕色至棕红色，随着生长渐变为灰褐色❶。

采用无性繁殖的茶树则无垂直向下延伸的主根，只有辐射的根，根群非常发达，生势十分旺盛，茶树枝繁叶茂。种植在高山有机质丰富的微酸性土壤中的茶树，根系发达，饱吸土壤中丰盛的营养。特定的生长环境、优异的种质资源和肥培管理，为茶树源源不断地提供着充裕的有机物质，使凤凰单丛具有了特殊山韵的优良品质。

---

❶ 黄柏梓，2016.中国凤凰茶【M】.北京：华夏文艺出版社：16.

第三章 · 凤凰单丛茶树的株系（品系）及品质特征

　　凤凰单丛品种，从野生型过渡到栽培型，从自然杂交到人工选育，从有性繁殖到无性繁殖，经历了漫长的过程。凤凰镇现拥有国家级茶树良种 1 个、省级茶树良种 4 个。株系不同则香型不同，是凤凰单丛茶树的特性；花香和丛韵是凤凰单丛茶特有的品质特征。

　　20 世纪 70 年代，凤凰茶区树龄 200 年以上、单株产量 1 千克以上的古茶树有 3 770 多株，茶农予以命名的有数百株。1996 年 3 月，凤凰茶树资源调查课题组攀山越岭，走村串寨，拜访老农，深入茶园观察记录、拍照取证，走了 12 个村民委员会（当年全镇仅有 19 个村），调查了具有代表性、典型性的 123 株茶树，并划分为 10 种自然花香型及 3 种其他香型。虽然有 8 种香型的种植面积比较少，但基本上体现了凤凰单丛系列的全部。

一　黄枝香（栀子花香）型

　　具有自然栀子花香味的优质水仙茶，称为黄枝香单丛茶。生产这种香型茶叶的茶树称为黄枝香单丛茶树，俗称黄枝香。

　　黄枝香单丛茶树生命力强，适应性广，抗逆力强，抗寒能力强。

　　潮州市凤凰高香型品种选育课题组《黄枝香单丛选育研究报告》中述："近几年来，黄枝香单丛已为粤东的揭阳、梅州各县，粤北的英德、乳源县，粤西的湛江、罗定县以及广西、海南等省（区）引种，各地反映表现良好，黄枝香单丛在广东北部的乳源引种成功，表明黄枝香单丛具有一定的抗寒性，也表明黄枝香单丛适宜在广东全境种植。"黄枝香单丛因此获得广东省农作物品种审定委员会颁发的"广东省级茶树良种"的证书。

由于所处环境的不同和种株间的差异，黄枝香单丛存在发芽时间、叶形、叶片大小、叶质厚薄及成茶香气浓淡、持久性等方面的差别。据1996—1998年对全镇种植的3 000多亩黄枝香单丛茶树的调查，发现有13种，它们之间既有共性，又有个性。华南农业大学戴素贤教授等在研究、分析原产地凤凰与引种地英德、罗定县的黄枝香鲜叶样品的香气成分含量后指出：各地样品鉴定出的化合物种数没有大的差异，但受引种地生态环境改变的影响，化合物的类别及含量、主要内含物质存在差异，从而形成地域性的香气差异和品质的差异。一些地区引种后，香气降低或做不出黄枝香风格的成茶。因此，各地引种后，要根据实际情况，采用适宜的加工工艺，以促使黄枝香单丛的品质风格得到充分发挥。

黄枝香型是目前凤凰茶区种质资源最多、分布应用最广、产销量较大的花香型品系。为了使读者更进一步了解、掌握黄枝香的特性，现从记录材料中的46株茶树中挑选9个具有代表性的株系予以介绍。

● 黄枝香叶形

宋种黄枝香

宋种黄枝香，生长在乌岽管区李仔坪村东北几

块巨大泰石鼓下的茶园里，系南宋末年村民李氏几经选育后传至今，茶园坐西南朝东北，海拔高度约1 150米。因种奇、香异、树老，其名字也多变。初因叶形宛如团树之叶，称"团树叶"；后经李氏精心培育，叶形比同类诸茶之叶稍椭圆而阔大，又称"大叶香"；1946年，凤凰有一侨商在安南（今越南）开茶行，出售这种单丛茶，以生长环境之稀有及香型特点，取名"岩上珍"；1956年，经乌岽村生产合作社精工炒制后，仔细品尝，悟出栀子花香，更名为"黄枝香"；1958年，凤凰公社制茶四大能手带该茶赴福建武夷山交流，用名"宋种单丛茶"；1959年"大跃进"时期，为李仔坪村民兵连高产试验茶，称为"丰产茶"；1969年春，因"文化大革命"之风，改称"东方红"；1980年农村生产体制改革时，此茶树由村民文振南管理，遂恢复为"宋种单丛茶"，简称"宋茶"；1990年，因其树龄高、产量高、经济效益高而为世人美称为"老茶王"。该茶树是考研凤凰茶叶的活化石，也是探观凤凰茶区的标志性景点之一。

该茶树系有性繁殖植株，树龄达700多年，树高5.8米，树姿开张，冠幅6.5米×6.8米，覆盖面积达0.066亩，主干地面茎周长1.65米，离地面60厘米处有3枝分枝，茎围分别为0.65米、0.94米和0.75米，分枝密度中等。叶片呈上斜状着生，成叶长10.9厘米、宽4.3厘米。叶形椭圆，叶面微隆，叶色绿，有光泽，叶质厚实，叶身内折。主脉明显，侧脉10对。叶缘微波状，有细、浅、钝叶齿33对，叶尖锐尖。

春芽萌发期在春分前，芽色黄绿、无茸毛，发芽密度中等。春梢较短，平均只有2.5厘米，着叶2～4片，节间长0.8厘米。采摘期通常在谷雨前后。

1940年前后春茶株产4千克左右；1956年为5.25千克；1958年为6.5千克；1959年，李仔坪村民兵连加强了对该树的管理，搬掉树边岩石，垒石砌坎，扩大园基，并加新土，使茶树日益茂盛高大；1963年春，一次采鲜叶35千克，制成干茶8.9千克，为历史最高产量；1987年，该树遭到一个精神病人的砍伐，产量骤减；1996年底，管理户在茶园里增植了白叶单丛茶树32株，造成水、肥、阳光的分流、分散，影响该古树肥培生长。此外，该树还遭游客上树攀采枝叶，造成土壤板结，茶树逐渐衰退。政府为挽救垂危的茶树，保存"宋茶"珍贵资源，下拨专用资金，指定专户对该树进行修护管理，使老树逐渐改变稀凄状态，恢复了生机。2011年起由汕头百香茶业公司投资承包这株古茶树，古树得以枯木逢春，得到应有的敬畏，企业精细养护、精工采制，每年春茶获好收成，虽价格不菲，仍受高端消费者和外国友人热宠。

宋种黄枝香古树近年采制记录

单位：千克

采制时间	干茶产量	采制时间	干茶产量
1997年4月14日	3.05	2002年春茶	3.00
1998年4月14日	2.70	2013年4月7日	2.20
1999年4月12日	2.40	2014年4月12日	2.00
2001年春茶	2.50	2015年4月3日	1.80

宋种黄枝香成茶具有如下品质特征：外形条索紧结重实、色泽乌褐油润；汤色金黄明亮；花香浓郁；滋味甘醇，老丛韵味独特，回甘力强，耐冲泡；叶底软亮带红镶边。

由于该茶树有很强的抗寒、抗旱、抗病虫害能力，适应性广，1962年，乌岽村就对其进行扦插育苗，使这个株系有所发展。1990年以后，也有茶农取穗嫁接于其他品种或其他株系，产生新的后代，从而保持和发展了宋种单丛黄枝香型这个株系。

2010年3月9日遭霜冻后，该古茶树逐年枯萎，2016年9月不幸枯死。

大白叶

大白叶，因叶色较为浅绿（当地茶农称浅绿色为"白"）、叶幅较大而得名。

该茶树生长在海拔高度约 1 150 米的乌岽李仔坪下厝后的茶园里，为有性繁殖植株，是从凤凰水仙群体品种自然杂交后代中单株选育出来的，树龄达 400 年以上。树高 4.8 米，冠幅 4.2 米 × 6.8 米，树姿开张，宛如一把伞；地面茎周长 100 厘米，离地面 30 厘米处有 3 枝分枝，茎围分别为 88 厘米、60 厘米和 54 厘米，分枝密度中等。叶片呈上斜状着生，成叶长 10.6 厘米、宽 3.6 厘米，长椭圆形。叶面平滑，叶色绿，有光泽。叶身微内折，叶质厚实。叶绿微波状，有细、浅、钝叶齿 29 对，叶尖钝尖。主脉明显，侧脉分明，有 9 对。其育芽能力较强，发芽密，芽色黄绿、无茸毛。春梢长 13 厘米，着叶 5～6 片，节间长 2.8 厘米。通常在春分前萌芽，春茶采摘期在谷雨前几天。每年新梢 3 轮次，每年 9 月底为新梢休止期，盛花期在 11 月上旬。

大白叶历史产销情况

采制时间	干茶产量（千克）	销售价格（元/千克）
1990年春茶	7.40	
1991年4月11日	7.50	
1995年4月20日	6.75	
1996年4月22日	5.25	
1997年4月15日	5.00	
1998年4月15日	5.50	
1999年4月14日	4.75	
2001年4月12日	3.50	200
2002年4月7日	3.75	180
2003年4月11日	3.50	320
2004年春茶	3.25	400
2005年春茶	4.00	300

大白叶成茶具有如下品质特征：条索紧卷重实，色泽青褐油润；香气细腻；汤色橙黄明亮；滋味甘醇，老丛山韵味重，回甘力强，耐冲泡。

该茶树于 2015 年 6 月寿终。

老仙翁

老仙翁，因树龄老，成茶香气高、味道好，可与八仙单丛茶媲美而得名。

该茶树生长在海拔 1100 米的乌岽李仔坪村前的茶园里，是管理户文锡祖上留下来的，为有性繁殖植株，是从凤凰水仙群体品种自然杂交后代中单株选育出来的。据说该树树龄已有 400 多年，树高 2.72 米，树幅 3.10 米×3.45 米，树姿半开张，地面茎周长 1.04 米，最低分枝离地 20 厘米，分枝密度中等。叶片呈上斜状着生，叶形长椭圆，成叶长 8.5 厘米、宽 3.4 厘米。叶面微隆，叶色深绿，叶身稍内折，叶肉厚，叶质硬脆，主脉明显，侧脉 10 对。叶缘微波状，有细、浅、利叶齿 24 对，叶尖渐尖。春芽萌发期在清明前后，春茶采摘期在立夏前。发芽密度中等，芽色浅绿、无茸毛。春梢长 4 厘米，着叶 3～4 片，节间长 0.7 厘米。每年新梢生长 3 轮次。10 月起为营养芽休止期。

老仙翁成茶具有如下品质特征：条索紧卷，纤细，色泽黑褐油润；香气清高；汤色金黄；滋味醇厚、爽口，山韵独特持久；回甘力强，耐冲泡。

该茶树生长在巨大的岩石旁，1996 年秋，管理户将巨大的岩石劈开，垒砌梯壁，扩大园基，意欲拯救茶树衰退的状况。但由于挖、砌过程使树根受损，且填土过多致土壤透气性差，该树于 2006 年 8 月死亡。

大庵宋种

大庵宋种，系乌岽中心寅村的老宋种大草棚单丛（1928 年枯死）自然杂交的后代，生长在海拔 950 米凤西大庵村太平寺后的茶园里。为有别于"宋茶"，故名"大庵宋种"。

  1660—1952 年，该树为凤凰山太平寺的固定资产（方丈专用茶）；1952 年土地改革时期，分配给贫农黄勇管理；1958—1979 年，为大庵生产队集体所有；1980 年归还原农户黄勇之子黄娘庆管理，现由黄娘庆之子黄保国管理。祖孙三代精心养护、传承名丛，使该古树气势雄伟，树势高大，高产、稳产，人们又称其为"大丛茶"。

  该树高 5.56 米，树姿开张，冠幅 5.6 米 × 6.5 米，主干因客土没于地下，接近地面有 6 枝分枝，分枝密度中等。叶片呈上斜状着生，叶形长椭圆，叶长 7.8 厘米、宽 3.7 厘米。叶色深绿。叶脉 9 对，叶尖钝尖，叶缘微波状，有细、浅、钝叶齿 24 对。育芽能力较强，春茶采摘期在谷雨后。发芽密度较密，芽色浅绿，有少量茸毛。新梢长 12 厘米，着生叶数 3 ~ 4 片，节间长 3 厘米。每年新梢生长 2 轮次，10 月起为新梢休止期。盛花期 11 月中旬，花冠直径 3.2 ~ 3.8 厘米，花丝 120 ~ 160 枚，柱头分为3叉，果实多为2籽。

大庵宋种成茶具有如下品质特征：条索紧卷壮直，色泽乌褐油润；花香高锐，黄枝香型；汤色橙黄明亮；滋味醇厚鲜爽，山韵味浓且持久；回甘力强，耐冲泡；叶底软亮带红镶边。近几年销售价格均稳定在6万元／千克。

大庵宋种历史产销情况

采制时间	茶产量（千克）	销售价格（元/千克）
1996年4月29日	5.25	
1997年4月24日	5.00	
1998年4月21日	4.75	
2000年春茶	5.00	
2001年春茶	4.90	2 000
2002年春茶	4.25	2 352
2003年春茶	5.00	2 400
2004年春茶	5.50	
2005年春茶	6.40	2 000
2007年春茶	6.60	
2008年春茶	5.60	
2014年春茶	6.00	
2017年春茶	4.50	60 000
2018年春茶	4.50	60 000

该株系抗逆性和适应性较强。1978年生产队取短穗扦插育苗，1990年起茶农取穗嫁接于其他品种或单丛株系，形成了大庵宋种的无性繁殖后代。目前，在大庵村、七星案、中坪、大坪等村广为栽培。

关于树龄，凤凰茶界大致有两种说法：一是按照凤凰山茶农口口相传，此树大致有500年以上树龄。二是若是从1660年为太平寺方丈专用茶开始，进行保守估算，大庵宋种有400年以上树龄。

佳常种

佳常种，又名狮头黄枝香，系乌岽狮头脚村村民魏佳常之曾祖父从凤凰水仙群体品种自然杂交后代中单株选育出来的。原选育的母树已于1992年死亡，但前期已有批量扦插育苗和嫁接繁殖，形成该株系无性繁殖的后代。该种品质优良，在凤凰茶区栽培较多，外地引种也多。为便于种植管理时识别和销售推介，为其冠上佳常种或狮头黄枝香的名字。

该茶树生长在海拔1 100米的乌岽狮头脚村村前的茶园里，树龄50多年。树高2.2米，地面上有7枝分枝，树姿开张，树幅2.7米×2.9米，分枝密度大。叶片呈上斜状着生，成叶长9厘米、宽3.8厘米，叶形长椭圆，叶尖渐尖，叶面平滑，叶色深绿，叶身内折，叶质柔软。叶脉9对，叶缘波状，锯齿粗，有浅、钝叶齿29对。春芽萌发期在春分后，春茶采摘期在谷雨后几天。发芽密，芽色浅绿、无茸毛。春梢长9厘米，叶数3～4片，节间长2厘米。每年新梢生长3轮次，10月起为营养芽的休止期。

该茶树产量较高。1997年4月28日采制春茶1.75千克，每千克售价1 500元。

佳常种成茶有如下品质特征：条索紧卷，灰褐色，有朱砂点；香气高锐；韵味独特；汤色金黄明亮；滋味甘醇持久，回甘力强，耐冲泡。

该茶树于2001年9月遭强台风袭击连根拔起，因管理不当逐渐枯萎，于2002年死亡。

以狮头黄枝香单丛资源为亲本育成的无性系新品种，2000年被广东省农作物品种审定委员会审定为"省级茶树品种"。

棕蓑挟

棕蓑挟，又名"通天香""一代天骄""主席茶"。

该茶树生长在海拔1 100米的乌岽下寮村茶园里，母树早年已枯死，现茶树是嫁接的第二代，由村民柯氏管理的无性繁殖植株。

传说150年前的一天，乌岽中心寅村三姑娘采摘春茶期间，骤雨倾盆而至，她便用防雨具棕蓑包挟茶筐，保护采下的茶叶，回家后精工制作出形、色、香、味俱佳的

单丛茶，博得人们的称赞，故该成品茶和茶树取名"棕蓑挟"。1955年，乌岽山草地
胴村村民文永集采制母树"棕蓑挟"鲜叶，精工制作，在制作过程中，阵阵茶香飘向
天空，故称"通天香"，特精选1千克寄给毛泽东主席。不久，收到毛主席委托党中
央办公室寄来的信，信中有评价茶叶质量优良之语和致谢之意。故此，茶农们又把
"通天香"称为"主席茶"。"文化大革命"期间，该茶称为"一代天骄"。据当地老
农回忆，1955年，该母树的树龄有500多年。

现有资源为嫁接的第二代，树龄50多年，为小乔木型，树高2.7米，树姿直立，
冠幅1.73米×2.7米，地面茎周长53厘米，最低分枝高度14厘米，分枝疏。叶
片呈上斜状着生，成叶长7.5厘米、宽3.8厘米，叶形卵圆，叶尖钝尖，叶面微隆，
叶色黄绿，有光泽，叶身内折，叶质硬度中等。主脉明显，侧脉8对，叶缘微波状，
有细、浅、利锯齿33对。春芽萌发期在春分，春茶采摘期在谷雨前。芽色浅绿、无
茸毛。春梢长3厘米，着叶数3片，节间长1厘米，每年新梢生长2轮次。10月起
为新梢休止期，盛花期在11月上旬。该株产量不高，1996年采制春茶0.5千克，
1998年4月17日采制春茶0.7千克。

棕蓑挟成茶有如下品质特征：条索紧卷，鳝鱼色油润；花香高锐持久，韵味独
特；汤色金黄明亮；滋味甘醇鲜爽，回甘力强，耐冲泡。

特选黄枝香

特选黄枝香，又名"粗香黄枝香"，因成茶冲泡时栀子花香味特别浓郁而得名。

该茶树生长在海拔480米的康美田寮埔村东南的大山垸茶园里，系村民曾火智从
凤凰水仙群体品种自然杂交后代中单株筛选出幼香黄枝香单丛，再从幼香株系中剪取
壮旺顶芽的短穗扦插育苗而成。

该株是无性繁殖植株，树龄约40年，树高2.6米，树姿开张，冠幅3.15米×
3.3米，地面茎周长52厘米，最低分枝离地面10厘米，分枝密。叶片呈上斜状着
生，叶长8.7厘米、宽3.2厘米，叶形长椭圆，叶色绿，叶质中等。主脉明显，侧
脉8对。叶缘微波状，前端有29对细、浅、钝的锯齿。春芽萌发期在春分后，春茶
采摘期在谷雨后几天。发芽密度中等，育芽能力强，芽色黄绿、无茸毛。新梢长8

🍵 大乌叶茶树

厘米，着生叶数 7 ～ 8 片，节间长 1 厘米。每年新梢生长 4 轮次，11 月为营养芽休止期。盛花期在 11 月上旬，结实率较低。

特选黄枝香成茶有如下品质特征：条索紧卷，色泽黄褐油润；香气清高悠长；韵味独特（有油香味）；汤色金黄清澈；滋味鲜爽持久。

该株系的抗逆性和适应性强，成茶高香优异，深受茶农的喜爱，在田寮埔、上云田、岭脚、寨脚乃至下田村一带都有栽培。

1995 年 6 月，凤凰镇茶厂厂长文衍学选用特选黄枝香单丛茶，参加广东省首届"金曼杯"乌龙茶质量评比大会，荣获特等奖。1996 年曾昭才兄弟三户共生产成品茶 300 多千克。

大乌叶

大乌叶，因叶色较其他诸茶深绿（当地茶农称深绿色为"乌"）、叶幅大而得名。

该茶树生长在海拔 800 米的凤西管区大坪村丰产片的茶园里，是从凤凰水仙品种自然杂交后代中选育出来的。树龄约 120 年。树高 4.18 米，

● 鸭屎香茶树

● 鸭屎香叶形

树姿半开张，冠幅 3.86 米 × 3.84 米，地面茎周长 1.18 米，最低分枝离地面 18 厘米。叶形长椭圆，叶色深绿，侧脉 10 对。叶缘波状，有粗、浅、钝叶齿 28 对。春芽萌发期在春分季节，春茶采摘期在谷雨后。芽色绿、茸毛少。每年新梢生长 2 轮次，抗旱抗寒能力强。

大乌叶成茶具有如下品质特征：条索紧卷，色泽乌褐油润；具有黄枝花香，韵味独特；汤色金黄明亮；滋味醇爽，耐冲泡。

鸭屎香

鸭屎香，原名为"春色黄枝香"，原产地为凤凰镇凤溪村，树龄 300 多年，小乔木型，由茶农魏春色管理。

关于这款茶名称的由来，历来众说纷纭。现根据各种传说，大致总结出两种说法：一是"形状说"。该茶树叶形椭圆，叶幅大，芽叶硕壮，叶色深绿；采用传统手工制茶方法，难以紧卷成条，成茶外形犹如一坨坨鸭屎，故名"鸭屎香"。二是"贱名说"。传说此树最早散落荒野，后被茶农意外发现。初时茶农未曾在意，采得鲜叶回去制茶，冲泡后香气浓郁，回甘不绝，确是真正好茶。乡亲们都听说这家得了好茶，七嘴八舌地又是问香型，又是问树种。发现者怕被别人抢先挖走，就谎称没有什么好茶，"这茶就算是香，也就是个鸭屎香"。起个贱名，为的就是保密，不让外人注意。

到后来，这款茶还是被广泛嫁接与扦插，"鸭屎香"这个名字也流传了下来。

以上说法，皆为一家之言。但无论如何，"鸭屎香"独特的名称确实便于记忆，同时也为饮茶生活增添了一则趣闻。

鸭屎香成茶具有如下特征：条索微卷粗壮，色泽乌褐油润；花香高锐持久，属黄枝香型；汤色橙黄明亮；滋味醇爽回甘，山韵花蜜味独特，耐冲泡。

近年来，鸭屎香单丛以高香馥郁"香"遍了祖国的大江南北，已成为广大消费者赏茶争购的热资，人们热宠这凤凰山里飞出的"金疙瘩"。鸭屎香名字虽土，却芳香贵气，沁人心田。

鸭屎香在凤凰茶区多采用扦插或嫁接的方式，广为种植。该种质生长快，产量高，高香型，当年嫁接，第二年便可开采，春季采摘期为4月25日前后。

二　芝兰香型

八仙

八仙，又名"八仙过海"。1898年，茶农文混从去仔寮村剪取母树大乌叶单丛的枝条进行扦插，育活8株茶苗，分别栽种在不同茶园里，这8株茶树长大后，除树型有差别，其他都保持原母树的优良性状，因此称为"去仔寮"种。1958年，凤凰茶叶收购站站长尤炳回同志等一班人视察这8株"去仔寮"种，此后，改名为"八仙过海"，简称"八仙"单丛。

该茶树生长在海拔1050米的乌岽管区李仔坪村下厝下路脚的茶园里，为小乔木型，属无性繁殖植株，树龄100多年，树高5.75米，树姿半开张，冠幅6.6米×6.5米，地面茎周长0.95米，最低分枝离地面90厘米，分枝密。叶片呈上斜状着生，

● 芝兰香茶树

● 八仙过海茶树

成叶长 9.8 厘米、宽 4.2 厘米。叶形长椭圆，叶尖钝尖，叶面隆起，叶色深绿，有光泽，叶身内折，叶质硬度中等。叶脉明显，侧脉 9 对，叶缘波状，有细、浅、利锯齿 38 对。

春芽萌发期在每年清明前后，春茶采摘期在立夏前后。发芽密，芽色绿，有少量茸毛。春梢长 14 厘米，着生叶数 3～5 片，节间长 1.8 厘米。每年新梢生长 3 轮次，10 月底为新梢休止期。盛花期通常在 11 月 5—20 日，花冠直径 3.8～4.2 厘米，花萼 5 片，花瓣 6～8 片，花丝乳白色中略带浅绿色，有 98～170 枚，花药浅黄色，柱头分为 3 叉，呈浅绿色。近几年来，只开花不结实。

八仙历史产销情况

采制时间	干茶产量（千克）	销售价格（元/千克）
1996年5月13日	4.50	2 400
1997年5月3日	4.75	4 000
1998年春茶	4.50	2 400
1999年春茶	4.65	2 800

八仙成茶具有如下品质特征：条索紧卷壮实，色泽乌褐油润；具有自然的芝兰花香型，香气高锐细长（在制作半发酵过程中，如果巧妙地采用某些方法或偶然碰到气温、湿度骤变，会变为似桂花香型）；汤色金黄清澈明亮，滋味醇厚鲜爽，韵味清爽独特；叶底绿黄软亮，红边均匀。

该株抗逆性强，适应性广，产量高，经济效益好。1980 年以来，凤凰镇各地都有扦插育苗，1990 年以后，广为嫁接，已成为凤凰茶区主要栽培株系之一。在低山种植的八仙，新梢生长 5 轮次，发芽密，产量高。秋冬季节的八仙茶，更是高香优质。

以乌岽八仙过海单丛资源为亲本育成的无性系新品种，2009 年被广东省农作物品种审定委员会审定为"省级茶树品种"，市场美誉八仙为"凤凰单丛的佼佼者"。20 多年来，八仙种质资源已传到省内外产茶区种植。

宋种芝兰香

宋种芝兰香，因茶冲泡时溢出自然的芝兰花香而得名，又因是宋种单丛株系中产量最高的一株树，因此在名字前加以"宋种"二字。此树产量超过东方红母树，在产区颇为有名。

该茶树生长在海拔 1 180 米的乌岽管区中心寅村山顶上葫底处的茶园里，树龄400 多年，属有性繁殖植株，树高 5.9 米，主干明显，树姿开张，形似蘑菇状。地面茎周长 1.63 米，冠幅 7.9 米，分枝部位低，下垂接近地面，分枝密度大。叶片呈上斜状着生，成叶长 6.3 厘米、宽 4 厘米。叶形椭圆或卵圆，叶尖钝尖。叶面平滑，叶色深绿，叶身内折，叶质硬度中等。主脉分明，侧脉 8 对，有细、浅、钝叶齿 21对，叶缘微波状。春芽萌发期在清明，春茶采摘期在立夏前。发芽密度大，育芽能力强，芽色浅绿，有少量茸毛。春梢长 5.4 厘米，着叶数 3 ~ 4 片，节间长 1.2 厘米。年新梢生长 3 轮次，10 月为新梢休止期。通常开花期在 11 月 15—30 日，花冠直径 4.2 ~ 3.6 厘米，花萼形似五角星，花瓣 8 片，乳白色的花丝 160 条。花药呈黄色，柱头三分叉，呈浅绿色，结实率低。茶果褐色，内含茶籽 2 ~ 3 粒。

宋种芝兰香成茶具有如下品质特征：条索紧卷细直、重实；色泽乌褐油润；芝兰花香清高、持久；老丛韵味明显；汤色金黄明亮；滋味醇厚鲜爽持久，喉底回甘，耐

竹叶叶形

竹叶干茶

冲泡；叶底软亮带红边。

近数年来，宋种芝兰香产量不断上升，质量不断提高。该树是当今乌岽山、凤凰镇单株产量最高的一株，最高年份产量达到10.25千克。

宋种芝兰香历史产销情况

采制时间	干茶产量（千克）	销售价格（元/千克）
1997年4月29日	6.50	
1998年春茶	9.50	
1999年春茶	9.75	
2001年春茶	9.50	700
2002年春茶	9.00	1 000

竹叶

竹叶，因叶形狭长、形似竹叶而得名。又因成茶芝兰花香气高锐而称为"芝兰王"。

该茶树生长在海拔950米的凤西管区大庵村厝后的茶园里，由村民黄国安管理，系无性繁殖植株。树龄40多年，树高2.98米，树姿半开张，冠幅2.55米×2.8

米，地面茎周长 54 厘米，分枝密度中等，最低分枝离地 17 厘米。叶片呈上斜状着生，最长达 17 厘米，宽 3 厘米，长披针形，叶尖渐尖。叶面微隆，叶色绿，叶身稍内折，叶质中等。主脉明显，侧脉 12 对。有细、浅、钝叶齿 42 对，是凤凰单丛株系中锯齿数量之最，叶缘微波状。春芽萌发期在春分前，春茶采摘期在清明后 10 天左右。发芽密度中等，芽色浅绿，有少量茸毛。新梢生长每年 2 轮次，10 月初起为营养芽休止期。

竹叶成茶具有如下品质特征：条索紧卷壮直，色泽黄褐；具有天然的芝兰花香，香气清高；汤色橙黄明亮；滋味鲜爽，回甘力强，耐冲泡。

该株系品质优异，成为乌崀村许多茶农定购茶穗、批量嫁接的选种。目前，在海拔 800 米的高山区域，遍布着老丛竹叶的无性繁殖后代。

竹叶历史产销情况

采制时间	干茶产量（千克）	销售价格（元/千克）
1996年春茶	1.40	
2001年春茶	1.25	2 000
2002年春茶	1.00	1 000
2003年春茶	1.25	2 000
2004年春茶	1.15	1 400
2005年春茶	1.25	1 600
2014年春茶	1.50	20 000
2015年春茶	1.60	24 000

鸡笼刊

鸡笼刊，因树姿形态似农家罩鸡的竹笼而得名。该茶树生长在海拔 831 米的凤西管区中坪村的茶园里，系管理户张世民的先祖从凤凰水仙群体品种自然杂交后代中单株培育出来的，属有性繁殖，小乔木型植株。树龄 300 多年，树高 5.1 米，树姿开张宛若鸡笼之形，冠幅 6.1 米 × 5.1 米，地面茎周长 1.3 米。叶形长椭圆，叶色深绿。主脉明显，侧脉 11 对。有细、浅、利叶齿 32 对。春芽萌发期在春分后，春茶采摘期在谷雨前。芽色浅绿，有少量白毫。春梢长 10 厘米，着生 4～5 片，节间长 1.8 厘米。年新梢生长 3 轮次，10 月初为营养芽休止期，11 月中旬至 12 月底为盛花期。花冠直径 3.6 厘米，花丝 110～140 枚，柱头分为 3 叉，果实多数内含 2～3 粒茶籽。

鸡笼刊成茶具有如下品质特征：条索紧卷，乌褐色；具有自然的芝兰花香，香气清高持久；汤色金黄明亮；老丛山韵独特，滋味甘醇爽口，耐冲泡；叶底软亮带红边。

2015 年，该成茶送样 0.5 千克至中国茶叶学会，参加第 11 届"中茶杯"大赛，荣获金奖，并由大会评委会推荐，以 0.5 千克茶叶 6.8 万元的底价参加淘宝网拍卖会。

鸡笼刊历史产销情况

采制时间	干茶产量（千克）	销售价格（元/千克）
1996年春茶	3.50	
1997年4月11日	3.50	
1998年4月15日	3.40	2 600
1999年4月16日	3.65	1 000
2002年春茶	3.50	2 760
2003年春茶	4.00	3 000
2004年春茶	4.10	3 000
2005年春茶	4.25	3 400
2008年春茶	5.50	
2013年4月17日	5.00	52 000
2014年4月21日	5.25	56 000
2015年4月12日	5.50	淘宝网拍卖136 000

● 鸡笼刊茶树

芝兰香

芝兰香，因成茶具有自然芝兰花香得名。

该茶树生长在海拔 895 米的凤北管区官头輋村北山腰的茶园里，系当地文氏先祖从凤凰水仙群体品种自然杂交后代中单株选育出来的。树龄 100 多年，属有性繁殖植株，1980—1998 年由村民文初旺管理。树高4.07 米，树姿半开张，冠幅 3.6 米 × 4.6 米。地面茎周长 83 厘米，最低分枝离地 20 厘米。叶片呈上斜状着生，成叶长 8.2 ～ 11.5 厘米，平均 10.2 厘米，宽 3.5 ～ 4.5 厘米，平均 4 厘米。叶形椭圆，叶尖渐尖，叶面微隆，叶身内折，叶质柔软，叶色深绿。主脉明显，侧脉 9 对，有细、浅、利叶齿 28 对，叶缘微波状。春芽萌发期在春分后，春茶采摘期在谷雨前后。芽色绿，少量茸毛。春梢长 8 厘米，着生叶数 4 片，节间长 2 厘米。每年新梢生长 3 轮次，10 月底为新梢休止期。盛花期在 11月下旬，花量少，花冠直径 3.2 ～ 3.5 厘米，花丝 128 枚，柱头分为 3叉，果实内含 1 ～ 2 粒茶籽。

芝兰香成茶具有如下品质特征：条索紧结，壮实，乌褐色；具有自然芝兰花香，香气尚高；汤色橙黄带赭；有山韵，滋味鲜爽持久，耐冲泡。1996 年采制春茶 2.5 千克，1997 年 4 月 21 日采制 2.9 千克。

兄弟茶

几十年前，管理户文衍造的祖父栽种 2 株树型相似、叶型相同的名丛。两棵树分别于上下两"厢"，彼此枝叶交接，宛如亲密兄弟。采摘两株茶树鲜叶合制的成茶品质出类拔萃，备受赞誉，取名"兄弟茶"。

现其中之一已枯死，留存的一株生长在海拔 1 050 米的乌岽李仔坪村茶园。此树为管理户文衍造的祖先从凤凰水仙群体品种自然杂交后代中单株选育而来，属于有性繁殖，树龄 200 多年。树高 4.2 米，冠幅 3.6米 × 3.8 米，在地面上分成 5 枝分枝，分枝密度大。叶形椭圆，叶色绿。

🍃 兄弟茶

叶侧脉 8 对，有细、浅、利叶齿 34 对，叶缘微波状。春芽萌发期在春分后，春茶采摘期在谷雨前后。芽色黄绿，无茸毛。春梢长 6.5 厘米，着生叶数 5 片，节间长 1.8 厘米。盛花期在 11 月上旬。

兄弟茶成茶具有如下品质特征：条索紧卷较直，乌褐油润；芝兰花香清高；汤色金黄明亮；滋味醇爽微甜，老丛韵味独特，耐冲泡。

目前，此品种在凤凰茶区有嫁接繁殖，产量逐增。

三　蜜兰香型

香番薯

香番薯，因成茶冲泡时冒出一种独特的气味，恰似煮熟番薯（北方称白薯或地瓜）的蜜香和甜味而得名。

此品种母树生长在乌岽山狮头脚村海拔 1 150 米的山坡，树龄 600 多年，是凤凰茶区古树之一。该树是管理户魏维光的先祖从凤凰水仙群体品种自然杂交后代中单株选育而来，属有性繁殖植株，小乔木型。树高

● 香番薯古树

4.93 米，树姿开张，树势高大，树幅 8.8 米 × 7.7 米，长势旺盛，灵气所聚，是凤凰茶区茶树蓬面较大的一株。

该茶树在地面主干处生 8 枝分枝，最大分枝茎周长 52 厘米，分枝密度中等。叶片呈上斜状着生，成叶长 10.4 厘米、宽 4 厘米，叶形长椭圆。叶面隆起，叶色深绿，叶身平展，叶质硬脆，叶尖渐尖，叶的侧脉 12 对，有细、浅、利叶齿 28 对，叶缘微波状。春芽萌发期在清明前后，采摘期在立夏前后，为"乌岽山收山茶"（迟芽种）之一。芽色浅绿，无茸毛。春梢长 10 厘米，着生叶数 4～5 片，节间长 3 厘米。每年新梢生长 2 轮次，9 月底进入新梢休止期。开花期为 11—12 月，花冠直径 3.0～3.5 厘米，花丝 104～138 枚，柱头分为 3 叉。结实率低，果实内含茶籽 2～3 粒。

香番薯成茶具有如下品质特征：条索紧结，色泽灰褐油润；薯香高雅，香气馥郁持久；汤色橙黄明亮；滋味浓厚甘醇，蜜味甜润显特韵；回甘力强，耐冲泡；叶底软亮。

🍃 蜜兰香母树　　　　　　　　🍃 蜜兰香叶形

　　由于该品种抗寒抗旱、生育力强、高产优质，乌岽管区和凤西管区都扦插繁殖和嫁接繁殖，该株系产值发展迅速。

白叶单丛

　　白叶单丛，因其叶色比其他茶树的叶更为黄绿而得名，又因成茶具有蜜味和兰花香而称"蜜兰香"。

　　该茶树原产自乌岽山大坪村的母本，后经扦插繁育形成无性系良种白叶单丛。1988 年广东省农作物品种审定委员会认定白叶单丛为"省级茶树品种"，并在全省茶区推广，在粤东梅州、兴宁等地广为种植，并推广到福建、湖南等多省茶区。

　　白叶单丛种植面积最广，已成为凤凰镇的当家品种。 在这里需要告知读者，自古以来茶农以茶树叶色命名该茶，故称白叶单丛；成品茶销售常以品质特征命名，市场上多称为蜜兰香单丛。 白叶单丛与蜜兰香单丛是同根同源，以白叶单丛茶树鲜叶为原料制作的成茶，具有蜜味与兰花香。

⚫ 桂花香茶树

⚫ 桂花香叶形

　　白叶单丛成茶具有如下品质特征：条索紧卷壮直，呈鳝鱼黄色，油润；初制茶具有自然的兰花香，精制茶蜜味浓；汤色橙黄明亮；滋味浓醇鲜爽；回甘力强，耐冲泡。

　　蜜兰香型单丛是传统的历史名茶，也是凤凰单丛十大品系中产销量最大、最稳定的品种。许多海外侨胞寄情家乡，最想念的传统口味就是蜜兰香。

四　桂花香型

　　群体，又名桂花香，原为清初茅寺（即今凤溪管区字茅村的平安寺）和尚栽种、管理的桂花单丛。由于朝代更迭、时局变幻、山林失火等原因，茶园荒芜，茶树衰老死亡。1958年夏天，字茅庵脚村生产队长在字茅山坡的荆棘丛里发现了一株奄奄一息的茶树，便采用短穗扦插育苗，培育成活一批茶苗，才保留了该种。1976年春，该队将54株桂花香的芽叶与其他单丛的芽叶分开采制，成茶交至凤凰茶叶收购站，验收品质达到单丛茶级别，故称为群体单丛茶。因成茶具有自然的桂花香味而名"桂花香"。

　　该茶树生长在海拔约650米的凤溪管区庵脚村西半山腰的茶园里，系无性繁殖植株，树龄60多年，树高2.94米，树姿直立，树幅2.3米×2.2米，地面茎周长46厘米，分枝密度中等，最低分枝离地30厘米。叶片呈上斜状着生，成叶长10厘米、宽4.8厘米，叶形椭圆。叶面平滑，叶色黄绿，叶身背卷，叶质硬度中等，叶尖渐

⬤ 玉兰香茶树

尖，叶脉 9 对，有细、浅、利的叶齿 26 对。通常春芽萌发期在春分前数天，4 月 10 日左右便可采摘。芽色黄绿，无茸毛。新梢长 13 厘米，着生叶数 4 ~ 5 片，节间长 2.5 厘米。每年新梢生长 3 轮次，年株产 0.75 千克。10 月为新梢休止期，盛花期在 11 月下旬，结实率低。

　　群体成茶具有如下品质特征：条索紧卷，呈鳝鱼黄色，油润；具有自然的桂花香，香气清雅芬芳；汤色橙黄明亮；滋味浓醇鲜爽，唇齿留香，韵味独特；叶底柔软镶红边。

五　玉兰香型

玉兰

　　玉兰，因成茶具有自然的玉兰花香味而得名。原产乌岽山凤溪管区坪坑头村，原母树系从凤凰水仙群体品种自然杂交后代中单株选育出来的。1961 年，福北大队官目石村第四生产队从坪坑头山茶园里取回短穗进行扦插繁殖，然后将茶苗栽种在村后山腰的茶园里。1980 年实行体制改革，茶园承包到户，该茶树由魏立民管理。在管理中，魏氏发现这株茶树长势独特、育芽能力较强、发芽较齐、品质好，于是精心扦插育苗。

次年，进行重修剪，修剪为 140 厘米高，养蓬后再行取穗扦插育苗。因此，新生的一代传遍了全村，大家称该株系为"立民种"。

本书记录的是原生产队培育的无性植株，魏立民选用扦插育苗的母树。该茶树生长在海拔约 400 米的福北管区官目石村后的山坡，属无性繁殖，树龄近 60 年。树高 2.8 米，树姿半开张，冠幅 2.99 米 × 3 米，地面茎周长 69 厘米，离地 30 厘米处分生 5 条骨干枝，分枝密度中等。叶片水平或呈上斜状着生，成叶长 9 厘米、宽 3.7 厘米，长椭圆形。叶面微隆，叶色深绿，叶身内折，叶质厚实硬脆，叶尖渐尖。侧脉 8 对，有粗、浅、利叶齿 24 对，叶缘波状。春芽萌发期在春分后几天，春茶采摘期在谷雨后 5～8 天。芽色绿，无茸毛。春梢长 6～8 厘米，着叶数 4 片，节间长 1.5 厘米。每年新梢生长 4～6 轮次。开花期为 11—12 月。花冠直径 2.6～2.8 厘米，花萼 5 片，花丝 150～166 枚，结实率低，果实含 1～3 粒茶籽。

玉兰成茶具有如下品质特征：条索紧结壮实，色泽乌褐光润；具有自然的玉兰花香，香气馥郁隽永；汤色金黄明亮；滋味醇爽回甘；叶底绿腹红镶边。

该茶种为优质资源，在低山种植能制出高香型单丛茶，已成为官目石村的主栽品种，在凤凰镇各村广为嫁接，当前栽培面积达到 1 000 多亩。该品种也传播至饶平县新丰镇、潮安区文祠镇、铁铺镇等地茶区。

红娘伞

红娘伞，因树姿特征仿似新娘撑着阳伞而得名。亦称"娘仔伞"。属有性繁殖植株，小乔木型，中叶类，迟芽种，玉兰香型。

红娘伞原种是从凤凰水仙群体品种自然杂交后代中单株选育而来。叶色浅绿，芽心呈红色。

该茶树生长在海拔 1 000 米的凤北管区，树龄 100 多年，树高 3 米，树姿开张，冠幅 4.5 米 × 5 米，地面茎周长 84 厘米，最低分枝 23 厘米，分枝密。叶片呈上斜状着生，成叶长 9.5 厘米、宽 4 厘米。叶色绿，叶侧脉 9 对，锯齿有 37 对。春芽萌发期在春分后，春茶采摘期在谷雨后 10 天左右。春梢长 6 厘米，年新梢生长 2 轮次。

据茶树管理户文氏介绍，红娘伞春茶产量（干茶）超过 2.5 千克，年产约 4 千克。

红娘伞成茶具有如下品质特征：干茶色泽灰褐色；香气为玉兰花香型；汤色橙黄明亮；滋味鲜醇回甘；叶底绿腹红边。

赤竹香

赤竹香生长在海拔 369 米的康美管区赤竹板村牛路岭茶园。据茶树管理人陈裕德介绍：这株来自乌岽山的实生苗，成茶具有自然的玉兰花香，气韵明显，是该村（凤凰低山茶园）茶树中的佼佼者，故以赤竹板村冠名赤竹香。

该茶树是陈氏先祖从凤凰水仙群体品种自然杂交后代中选育而来的，树龄 150 多年，树高 4.45 米，树姿开张，冠幅 4.8 米 × 4.44 米，地面茎周长 90 厘米，最低分枝 15 厘米处有 8 枝分枝，分枝密。成叶长 8.5 厘米、宽 3.9 厘米，叶形椭圆。叶色绿，叶侧脉 8 对，有粗、浅、利叶齿 18 对。春芽萌发期在惊蛰后，春茶采摘期在清明前后。芽色浅绿，有茸毛。春梢长 5 厘米，着叶数 3 ～ 4 片。春茶产量干茶 3 千克左右。

赤竹香成茶具有如下品质特征：条索紧细美观，乌褐油润；玉兰花香清幽馥郁；汤色橙黄明亮；滋味鲜爽甘醇。

六　姜花香型

柚叶

柚叶，因叶片形似柚树之叶而得名。

该茶树生长在海拔 950 米的凤西管区大庵村庵陵茶园里，由七星案村村民张民春管理。属有性繁殖植株，树龄100多年，树高3.8米，树姿开张，树幅2.45米×3.2米，地面茎周长62厘米，最低分枝离地20厘米。叶片呈上斜状着生，成叶长9.5厘米、宽4.8厘米，卵圆形。叶面平滑，叶色绿，叶身平展，叶质柔软，叶肉厚实，叶尖渐尖，侧脉10对，有细、浅、利叶齿28对，叶缘微波状。春芽萌发期在清明前，春茶采摘期在谷雨后4～10天。芽色浅绿，无茸毛。春梢长13厘米，着叶数4～5片，节间长2.2厘米。每年新梢生长3轮次，10月为新梢休止期。开花期在11月。花冠直径3.0～3.5厘米，花丝平均118枚，柱头分为3叉，果实多数内含1～2粒茶籽。

柚叶成茶具有如下品质特征：条索紧结硕大，黄褐油润；具有自然的姜花香味，香气浓郁悠长；汤色橙黄明亮；滋味甘醇爽口，耐冲泡。

● 姜花香叶形

杨梅叶

杨梅叶，因茶树的成叶形似杨梅树之叶而得名。

该茶树生长在海拔870米的凤西管区大庵村黄輋陵茶园里，树龄已有150多年，原为太平寺所有，1952年土地改革时，分给虎头杨梅格村贫农黄芬所有，1958—1979年为生产队集体管理，1980年归还黄芬管理，1990年

◉ 杨梅叶

托大庵村村民黄娘庆管理。该茶树系有性繁殖植株，树高2.68米，因管理差，树势弱，苔藓、地衣寄生多，白蚁为害，分枝已被蛀断，因此冠幅只有2.44米×1.7米。地面茎周长100厘米，分枝密度稀疏，最低分枝离地20厘米。叶片呈上斜状着生，成叶长6.8厘米、宽2.5厘米，叶形长椭圆。叶面平滑，叶色浅绿，叶身稍内折，叶质中等，侧脉8对，有细、浅、利叶齿28对。叶缘微波状，叶尖渐尖。春芽萌发期在春分前后，春茶采摘期在谷雨季节。芽色黄绿，无茸毛。春梢长3厘米，着生叶数4～5片，节间长0.9厘米。每年新梢生长1次，6月起为新梢休止期。由于生势衰弱，近几年无花无果。

杨梅叶单株产量低，1997年采制春茶0.25千克，每千克440元。

杨梅叶成茶具有如下品质特征：条索紧卷纤细，重实；呈鳝鱼黄色，油润；汤色金黄明亮；香气高锐；杨梅滋味浓爽，山韵独特。

该茶种因香型特殊，适合城市年轻人的口味。1997年，大庵、七星案等村的茶农广泛嫁接繁殖，形成了杨梅叶单丛株系。目前长势良好，产销量逐渐增加。

姜母香

姜母香，因茶汤滋味甜爽中带有轻微的生姜（俗称"姜母"）辛味而得名。同时，由于其香气清高可使满室生香，又称"通天香"。

该茶树生长在海拔900米的凤西管区中坪村东南的茶园里，系有性繁殖植株，小乔木型，管理人为张世信，树龄200多年。树高4米，树姿半开张，树幅4.9米×4.6米，地面茎周长1.1米，距地面6厘米处有8枝分枝，分枝密度中等。叶片呈上斜状着生，成叶长9.6厘米、宽3.7厘米，叶缘波状。春芽萌发期在春分前，春茶采摘期在谷雨前后。发芽密度较大，芽色浅绿，无茸毛。春梢长11厘米，着生叶数3～4片，节间长2.4厘米。新梢年生长3轮次，10月起为新梢休止期。开花期限11—12月。花冠直径3.0～3.6厘米，花丝140～156枚，柱头分为3

叉，花量少，结实率低，果实多数内含 2 粒茶籽。

姜母香成茶具有如下品质特征：条索紧结匀整，乌褐油润；香气清锐持久，具有姜花清香；汤色金黄明亮；滋味醇厚爽口，甜醇中带微辣生姜味，喉感独特，山韵味明显，耐冲泡；叶底软亮红镶边。

1998 年 4 月 15 日，采制姜母香成茶 1.4 千克，开价每千克 24 000 元，轰动一时，购客接踵而至，争着讨价还价，经多方磋商，最后以每千克 16 000 元成交。

该树是凤凰茶区姜花香型最古老的茶树。1990 年以后，中坪村和附近茶农采用嫁接繁殖，已形成姜花香无性系的后代。

2007 年该古树采制完成后，张世信为其定下每千克 9 万元的高价，并在网上邀请全国各地品茗爱好者到他家参加古树姜母香的品茗会。来自潮州、汕头、广州和意大利的茶叶爱好者通过品尝后一致认为，该茶叶确实物有所值。最后，该茶以每千克8.6万元的价格销售了1.25千克，创下凤凰单丛茶销售单价的最高纪录。

姜母香历史年产销情况

采制时间	干茶产量(千克)	销售单价(元/千克)
1997年4月17日	0.65	6 000
1998年4月15日	1.40	16 000
1999年春茶	1.50	6 000
2002年春茶	1.20	16 000
2003年春茶	1.25	16 000
2004年春茶	1.60	24 000
2005年春茶	1.40	28 000
2007年春茶	1.45	86 000
2008年春茶	1.30	80 000
2009年春茶	1.25	100 000
2014年春茶	1.00	120 000
2017年春茶	1.75	120 000

2008年，央视《乡土》栏目组成员走进茶乡，感受到了"天价茶叶"的独特魅力，他们决定通过镜头，使国内外广大观众对凤凰茶文化有更深入的了解。在本书编委黄柏梓秘书长的带领下，央视记者和摄制组走进凤凰中坪村茶农张世信家中。张世信拿出剩余不多的2007年所制茶叶，冲了一泡请大家品尝，只见茶汤金黄清澈，芳香飘溢，小啜品饮唇齿留香，甘甜生津。赏茗之中，张世信说道："茶叶的稀贵，在于此棵古茶树每年产量只有1.5千克左右，制作后的茶叶耐冲泡性超强，在潮州市举行的茶叶评比会上，曾创下3克茶叶冲泡出120杯工夫茶的纪录"。

● 夜来香茶树

七 夜来香型

夜来香，因成品茶具有自然的夜来香花香而得名。

该茶树生长在海拔 1 150 米的乌岽管区狮头脚村村后的大园顶茶园中。此品种是管理人文明乔的先辈从凤凰水仙群体品种自然杂交后代中单株选育而来的，系有性繁殖植株，小乔木型，树龄有 300 多年。树高 5.45 米，树姿半开张，树幅 4.3 米 × 3 米，地面茎周长 86 厘米，最低分枝离地 48 厘米。叶片呈上斜状着生，成叶长 11 厘米、宽 4.1 厘米，叶形椭圆形，叶面平滑，叶色黄绿，叶身平展，叶质硬度中等。叶尖渐尖，侧脉不明显，有 9 对，叶齿细、浅、利，有 23 对，叶缘微波状。春芽萌发期在清明季节，春茶采摘期在立夏前。芽色黄绿，无茸毛。春梢长 5 厘米，着生叶数 3 ～ 4 片，节间长 1.2 厘米。每年新梢生长 2 轮次，

9 月底起为营养芽休止期。盛花期为 11 月 15—30 日，花冠直径 3.0 ～ 3.5 厘米，花丝 108 ～ 140 枚，柱头分为 3 叉，花量少，结实率低，果实大部分内含茶籽 2 粒。

该株茶树的成茶为华侨定购，直销海外。

夜来香单丛成茶具有如下品质特征：条索紧卷壮直，浅褐油润；香气浓郁悠长，具有自然的夜来花香；汤色金黄明亮；滋味鲜爽甘醇，韵味独特，回甘力强，耐冲泡；叶底软亮。

夜来香历史产销情况

采制时间	干茶产量（千克）	销售单价（元/千克）
1996年5月6日	1.60	
1997年4月28日	1.45	
2002年春茶	0.95	3 000
2003年春茶	1.25	3 600
2004年春茶	1.00	4 000
2005年春茶	1.10	4 000

八　茉莉香型

茉莉香，因成茶冲泡时溢出自然的茉莉花香而得名。

该茶树生长在海拔 810 米的凤溪管区字茅庵角村松柏垱茶园里，系从凤凰水仙群体品种自然杂交后代中单株选育出来的，由村民黄伟健管理，属有性繁殖植株，树龄 150 年。树高 3.4 米，树姿半开张，冠幅 3.2 米 × 2.5 米，在地面处生 8 条骨干枝，分枝密度较疏。叶片呈上斜状着生，成叶长 10 厘米、宽 4.6 厘米，叶形椭圆，叶面平滑，叶色绿，叶身稍内折，叶质较厚实。叶尖渐尖，叶脉 10 对，有细、浅、利叶齿 37 对，叶缘微波状。春芽萌发期在春分后，春茶采摘期在谷雨季节。芽色绿，有茸毛。新梢长 4.8 厘米，着生叶数 3 ～ 4 片，节间长 1.2 厘米。每年新梢生长 3 轮次，盛花期在 11 月下旬，花量少，结实率低。

● 茉莉香茶树

茉莉香成茶具有如下品质特征：条索紧结重实，乌褐色较油润；香气清纯，具有天然茉莉花香；汤色金黄明亮；滋味浓醇，山韵味较浓，耐冲泡；叶底红边软亮。

茉莉香历史产销情况

采制时间	干茶产量（千克）	销售单价（元/千克）
1999年春茶	1.50	560
2001年春茶	1.60	3 000
2002年春茶	1.60	3 600
2003年春茶	1.85	4 400
2004年春茶	1.65	4 400
2005年春茶	1.65	4 400

九　杏仁香型

锯剁仔

锯剁仔，因叶边缘锯齿小、深、利，形似小铁锯而得名。

该茶树生长在海拔约 1 100 米的乌岽管区湖厝村以北的茶园里，是管理人柯少正的父亲于 1966 年秋用楚地厝村坑輋的老丛锯剁仔作为母穗扦插培育的无性系植株（该母树于 1970 年枯死，据说当年树龄已有 300 多年）。现培育的无性植株树龄 50 多年，树高 3.6 米，树势似蘑菇状，冠幅 4.1 米 × 4.1 米，距离地面 5 厘米处有 8 枝分枝，分枝密度大。叶片呈上斜状着生，成叶长 6.5 厘米、宽 2.6 厘米。叶形长椭圆，近披针形，叶面平滑，叶色绿，叶身内折，叶质柔软较薄，叶尖渐尖。叶脉不明显，侧脉 8 对，有细、深、利叶齿 28 对，叶缘微波状。春芽萌发期在春分前后，春茶采摘期在谷雨前两三天。发芽密度大，芽色浅绿，有茸毛。春梢长 2.5 厘米，着生叶数 3 ~ 4 片，节间长 0.6 厘米。新梢年生长 2 轮次，10 月起为新梢休止期。盛花期为 11 月 5—20 日，花冠直径 3.0 ~ 3.5 厘米，花丝 118 枚，柱头分为 3 叉，花量少，果实多数内含茶籽 2 ~ 3 粒。

锯剁仔成茶具有如下品质特征：条索紧结重实，色泽乌油润；香气纯正带有杏仁香味；汤色金黄明亮；滋味醇爽甘滑，韵味独特，回甘力强；叶底柔软黄绿匀亮，红边显。

2018 年锯剁仔的销售单价为 1 200 元／千克。该株系抗逆性强，适应性广，最适合乌岽山老茶园种植，目前在凤凰镇广为嫁接和栽种。

锯剁仔历史产销情况

采制时间	干茶产量（千克）	销售单价（元/千克）
1996年春茶	2.10	600
2001年4月13日	2.25	660
2002年4月15日	2.10	700
2003年春茶	2.25	600
2004年春茶	2.20	700
2005年春茶	2.30	700

● 锯剁仔叶片

杏仁香

杏仁香，因成茶冲泡时有杏仁的香味而得名。

该茶树生长在海拔约 650 米的凤溪管区庵脚村东南的山腰茶园里，管理人为李金鹏，属有性繁殖植株，树龄 40 多年。树高 2 米，树姿半开张，冠幅 2 米 × 1.7 米，地面茎周长 30 厘米，最低分枝高度 15 厘米，分枝疏。叶片呈上斜状着生，成叶长 9 厘米、宽 3.7 厘米，长椭圆形。叶面平滑，叶色绿，叶身稍内折，叶质硬脆。叶脉不明显，侧脉 9 对，叶尖渐尖，叶齿细、浅、利，有 35 对，叶缘微波状。春芽萌发期在春分前，春茶采摘期在清明后 7 ~ 8 天。发芽密度疏，芽色绿，无茸毛。春梢长 12 厘米，着生叶数 4 ~ 5 片，节间长 2.8 厘米。新梢每年生长 3 轮次，9 月底起为新梢休止期。

杏仁香成茶具有如下品质特征：条索紧卷，色泽灰褐；具有杏仁香味，香气尚清高；汤色橙黄；韵味独特持久，滋味甘醇。

该茶单株产量较低，每年产干茶约 0.6 千克。

十 肉桂香型

肉桂香，因成茶滋味近似中药材肉桂的气味而得名。

● 杏仁香茶树

● 肉桂香茶树

该茶树生长在海拔约 650 米的凤溪管区顶东郊村左边的茶园里，是管理人韦明辉于 1970 年栽种的，种苗来自凤溪大队茶场，系从凤凰水仙群体品种自然杂交后代中经单株选育后，用短穗扦插育苗培育出来的，树龄近 50 年。树高 2.8 米，树姿半开张，树冠幅 3.9 米 × 3.4 米，地面茎周长 60 厘米，最低分枝离地 5 厘米，分枝密度大。叶片呈上斜状着生，成叶长 11.1 厘米、宽 3.3 厘米，披针形。叶面平滑，叶色绿，叶身背卷，叶质中等，叶脉分明，侧脉 11 对，叶尖渐尖，有粗、浅、利叶齿 29 对，叶缘波状。春芽萌发期在惊蛰后，春茶采摘期在清明后 3 ～ 7 天。发芽密度中等，芽色绿，无茸毛。春梢长 15 厘米，着生叶数 4 ～ 5 片，节间长 2.5 厘米。每年新梢生长 3 轮次，10 月中旬为新梢休止期。盛花期在 11 月中旬，花量中等，结实率低。

肉桂香成茶具有如下品质特征：外形紧直重实匀齐，色泽乌润微带黄褐；具有浓郁肉桂香味；汤色橙黄明亮；滋味醇厚甘滑。

该单株产量高。

肉桂香历史产销情况

采制时间	干茶产量（千克）	销售单价（元/千克）
1997年4月11日	4.25	
1998年4月10日	4.15	
1999年4月12日	4.10	
2000年4月11日	4.00	350
2001年4月10日	4.10	640
2002年4月11日	4.05	660
2003年4月12日	4.00	700
2004年4月10日	4.15	760
2005年4月13日	3.95	970

十一　新选育品种资源

由邱陶瑞主编的《中国凤凰茶·茶史茶事茶人》记述了凤凰茶区新选育品种资源，本节载选已审定的三种省级良种，供读者认识这些新育良种的茶树与品质特征。

凤凰黄枝香

凤凰黄枝香是以乌岽狮头黄枝香单丛资源为亲本育成的无性系新品种。1999 年品种育成，2000 年被广东省农作物品种审定委员会审定为省级茶树品种。

凤凰黄枝香单丛为小乔木型，树势较直立，树姿半开张。叶形长椭圆，叶色绿，叶尖钝尖，锯齿浅利，疏密中等，叶面微隆起，叶身内折；脉络明，7～9 对，叶肉肥厚，叶质柔软。

萌动期为 3 月上旬，开采期为 4 月下旬至 5 月初，休止期为 11 月上中旬。平原茶区收获期从 4 月上旬至 12 月上旬。盛花期为 10 月下旬至 11 月中旬，花量少，结实率低。

一芽三叶梢长 6.79 厘米，重 9.77 克，芽头密度 364.5 个／米^2，投产茶园产量 320～380 千克／亩。

凤凰黄枝香成茶具有如下品质特征：外形条索紧直，色泽黄褐油润；内质香气清高锐长，具有明显黄枝花香，清雅舒适；汤色橙黄，清澈明亮；滋味浓醇鲜爽，"丛韵"显露。产品亲和力强，可拼配性好。

其繁育能力较强，有较强的生产适应性和抗寒性，在广西（桂林）、福建（福安）试引种，均表现出优质种性。

凤凰八仙单丛

凤凰八仙单丛是以乌岽八仙过海单丛资源为亲本育成的无性系新品种。2008 年育成，2009 年 7 月被广东省农作物品种审定委员会审定为省级茶树品种。

凤凰八仙单丛为小乔木型，树姿半开张。叶形长椭圆，叶色绿，叶尖钝尖，叶

◉ 凤凰八仙单丛

面隆起，叶身内折；叶缘波状，侧脉 8 对。

凤凰八仙单丛属中熟偏晚型品种，受立地海拔高度影响，萌芽期为 2 月底至 3 月中旬，开采期为 4 月中旬至 5 月上旬，新梢休止期为 11 月下旬。

其春梢健壮，一芽三叶梢长 15 ～ 17 厘米，重 12.2 克，芽头密度中等，450 ～ 500 个／米^2，产量尚高，亩产干茶 90 千克。

凤凰八仙单丛成茶具有如下品质特征：外形条索紧直，色泽黄褐（乌褐）油润；内质香气高锐浓郁，芝兰花香明显；滋味醇爽微甜，韵味明显；汤色金黄明亮；回甘强，耐冲泡。经济效益高。

其繁育能力尚强，抗逆性较强，适应性好，品质稳定。

乌叶单丛茶

乌叶单丛茶是以东赏上角村树龄约 50 年的乌叶单丛资源为亲本育成的无性系新品种。2012 年 5 月育成，2013 年 1 月被广东省农作物品种审定委员会审定为广东省级茶树品种。

乌叶单丛茶属于小乔木型，树姿开张，分枝尚密。叶形长椭圆形，叶色深绿，叶面微隆且内折，叶肉厚且脆，叶尖渐尖，叶缘波状，叶齿钝，密度稀而浅，叶脉 9 ～ 11 对。

乌叶单丛茶属于中叶种，叶片呈上斜状着生，成叶长 11.8 厘米、宽 4.7 厘米。

乌叶单丛茶属于晚生品种。萌芽期为 3 月上旬，开采期为 3 月下旬，停采期迟，至 11 月下旬，年生育期 270 天左右。

其生育力强，一芽三叶梢长 7.45 厘米，百芽重 110.0 克，芽头密度约 690 个／米^2。丰产性强，亩产干茶 83 ～ 123 千克。

乌叶单丛茶具有如下品质特征：外形条索紧直匀整，色泽黄褐油润有光泽；内质香气高锐持久，栀子花香明显；汤色金黄明亮；滋味醇爽，回甘强，蜜韵明显；耐冲泡；叶底匀整软亮，带红镶边。适制乌龙茶、红茶。

其抗逆性强，耐寒、抗旱能力较强，抗虫能力较强。生产适应性好，品种遗传性稳定，扦插育苗成活率及移植成活率高。

第四章 · 凤凰单丛的采制

凤凰单丛茶千姿百媚、丰韵独特，是历代茶农沿用传统工艺，精心制作而成的。在传承工艺的历程中，茶农不断认识、改良、创新，沉淀积累，薪火相传，总结出一套有别于其他茶类的、独特的单株采制经验。

　　在凤凰茶乡，茶农们最津津乐道的是传授"制茶经"——如何制好茶、卖出好价格，将成功的喜悦与他人分享。纵观凤凰单丛的产制历史，从单株培育开始，为单株采制奠定分类基础；单株采制的独特工艺，又为单株鉴定品质提供了机理保障。这是一个从优化良种开始发展名优茶的良性循环链。

　　凤凰古代先民在单株采制的过程中，开辟了"名丛"选种育苗的古法途径，奠定了优异资源宝库的根基。20世纪90年代后，凤凰单丛优选优种、嫁接技术的推广效应，推进了现代产业的演化。单丛茶的采制技艺，形成了传统工艺与现代工艺双驱并进、相互滋养、互为补充的经典模式。

　　高山单丛母树或"老丛"茶树，虽树势高大，但产量少，通常只采春茶一季，资源珍贵，尚可依传统模式采制，成茶品质展现一丛（树）一香。

　　优选母本，经扦插育苗或嫁接换种的无性系后代，种植量大，产量快速增长，已由单株采制的传统模式演化为相同品系、株系归类型采制的现代生产模式，此时采用半机械化或集约化机械加工，可以最大限度地保证成品茶具有该品系（或株系）的香味特征。

　　凤凰单丛的采摘初制工艺是手工或手工与机械生产相结合的过程。

其具体制作过程为：鲜叶→晒青→晾青→做青→杀青→揉捻→干燥。每个步骤之间环环紧扣，任何一道工序皆不能粗心大意，稍有疏忽，成品茶质量就会大受影响。

凤凰历代茶农对单丛茶采制各环节进行了精辟总结：采摘是前提，晒青是基础，做青是提高，杀青是关键，烘焙是定型。凤凰制茶技艺至今薪火相传。

一　采摘期

凤凰单丛茶的制作程序从鲜叶采摘开始。茶树立地区域环境不同，株系品种熟期不一，开采时间前后不同。高山茶区采摘时间迟于中低山区；海拔800米以上的高山茶区只采春茶一季，海拔400米以下的低山茶区每年采5～6轮次。

在规模化"嫁接换种"的近30年中，茶农根据各品种的生长特性，科学合理布局多品种种植。当前主要嫁接品种有蜜兰香、杏仁香、黄枝香、芝兰香、乌叶、八仙等，都是市场热销的高香型品种。

这些品种生长萌动期先后有别，有特早芽种、早芽种、迟芽种等，各品种采摘期不同，有利于均衡采制，缓解采摘"洪峰期"，也有利人力、设备协调，确保精细采制，高产优质。

通常各季开采规律是：4月上、中旬采春茶，7月采夏暑茶，9月采秋茶，10月下旬至11月上旬采冬茶（雪片）。低山茶区开采会提前为3月中、下旬采春茶，8月下旬采秋茶，10月中旬至12月上旬采冬茶。

白叶单丛（特早芽种）、蜜兰香、杏仁香的采摘时间早于其他品种，其后采摘的品种是黄枝香、芝兰香等品种，八仙单丛（迟芽种）采摘期最迟，茶农们惯称八仙为"收山茶"。

二 采摘标准

凤凰单丛的采摘标准是鲜叶原料为适度成熟的对夹叶，即当新梢芽头形成驻芽，顶叶开展，有60%～70%的新梢形成对夹叶状态（俗称"中开面"）时，是最适宜的采摘节点。有一定成熟度的新梢所含的主要生化物质比例可使凤凰单丛成茶的品质芳香甘醇。

新梢是茶树地上部最活跃的部分，新陈代谢非常旺盛，富含各种有益的化学成分。新梢是制茶的主要原料，"鲜叶"是指采摘离开茶树后的新梢。鲜叶的品质直接影响着成茶品质。

新梢采摘标准

新梢采摘标准是由茶树的树龄、长势、季节综合决定的，一般采1梢2～5叶。不能过嫩采摘，鲜叶太嫩，含水量与儿茶素含量均高，不利做青工序，成茶滋味带苦涩感；也不能过老采摘，鲜叶粗老，茎叶呈纤维质化，水分含量低，内含生化物质少，不利做青过程发酵转化，成茶外形粗

🍂 新梢

松、滋味粗淡。

程启坤在《茶化浅析》中明析了茶树新梢伸育过程中茶多酚、儿茶素含量的变化。

茶树新梢伸育过程中茶多酚、儿茶素含量的变化

单位：%

物质	芽	一芽一叶	一芽二叶	一芽三叶	一芽四叶	一芽五叶
茶多酚	26.84	27.15	25.31	23.60	20.56	16.39
儿茶素	13.65	14.68	13.93	13.61	11.92	10.96

资料来源：程启坤，1982.茶化浅析【M】.杭州：中国农业科学院茶叶研究所情报资料研究室.

由上表可知，一芽一叶以后，茶多酚和儿茶素的含量逐渐减少；一芽四叶以后，儿茶素含量明显下降。新梢中儿茶素含量高低与茶叶滋味密切相关，儿茶素具有收敛性，是茶汤中呈苦涩味的物质，制作单丛茶与其他乌龙茶同一道理，为保证单丛茶醇厚滋味，不宜采摘过嫩的鲜叶原料，以避免茶汤苦涩。

茶叶的香气由多种芳香物质按比例混合构成，形成单丛茶花香的主要物质有苯乙醇、香叶醇、橙花醇等，这些香气物质随芽叶的生长有所增加。只有采摘适度成熟的对夹叶为鲜叶原料，才能保证单丛茶花香高锐的优良品质。所以，新梢芽叶生长到一定的成熟度（嫩对夹叶），为适时采摘标准。

通常茶树种后前三年为幼龄茶园，实行多留少采、以养为主、采高养低、采强扶弱、采顶养侧，有利促进分枝培养树冠。成龄茶园实行以采为主、采养结合，目的是使茶树生长旺盛，持续高产。因此，严格合理的采摘标准既是确保鲜叶原料达标的前提，又是养护茶树的重要管理措施。

鲜叶采摘时间

鲜叶采摘选择晴天上午 10 时后至下午 4 时前，中午烈日暴晒不采，以下午 1 时至 4 时为最佳采茶时间。采青时间不同、鲜叶原料含水量不同，会影响单丛茶的品质。

🍵 鲜叶采摘

　　制单丛茶时，鲜叶一定要经过晒青，晴天采摘有利于晒青。选择下午1时至4时采摘的鲜叶，梢叶含水量适中，可为后续晒青工序铺垫良好基础。

　　下午4时以后，阳光的漫射不强烈，可避免灼伤鲜叶，同时适宜鲜叶轻度萎凋，使水分适度挥发，增进鲜叶有效成分。

鲜叶采摘方法

　　凤凰单丛采摘难度很大，要求在采茶过程中做到手快、眼快，轻采轻放，松堆、分类隔开，及时晒青。所谓"轻采轻放"，即采摘时防止折断叶片，避免芽叶损伤；防止叶片在采摘时受手温传热影响红变。"松堆"要求采下来放入茶筐的鲜叶不能压实，要让其自然松放，防止叶温升高。鲜叶采摘后要视茶树品种，分别置入不同茶筐，不可混装，以利分类加工。采回来的鲜叶，要及时晒青，如果阳光强烈或当天采摘鲜叶数量多，不能马上晒青，应及时薄摊置放，为晒青程序做准备。

三 晒青

通过日光或人造光源的照射，使采摘下来的鲜叶适度萎凋，符合后续做青工序的要求，这个过程称为晒青，也称萎凋。

晒青目的

晒青是在光能的作用下，使茶青中一部分水分和青草气散发，促使鲜叶细胞汁浓度增大，增强茶多酚氧化酶的活性，促进茶青内含物及香气的变化，为后续做青的发酵过程创造条件。这是凤凰单丛优异品质形成的第一个环节。

晒青会使鲜叶适度萎凋，有助于增进单丛茶的色、香、味。晒青过程中的物质变化主要表现在以下四个方面：

    使部分酯类儿茶素水解转化，茶多酚含量适当减少，降低茶汤苦涩味，增进醇和爽口。

    促进香气物质的形成和转化，使芳香物质有大幅增加。

    多糖和果胶在酶的作用下有不同程度的水解，有助于增进茶汤的浓度和滋味的甜醇度。

    叶绿素含量减少，单丛茶叶的色泽呈现乌褐、乌褐匀润或黄褐等。

晒青方法

1. 竹筛晒青

竹筛晒青是最传统的晒青方法，多用于高山、中山区域或采摘量不多的鲜叶。这些地域的单丛茶树生长缓慢，植株生产量少，沿用单株采摘、单株制作的传统晒青方法，有利于精工细制臻品单丛。

竹筛晒青使用的工具有二：一是用竹篾编织成的竹筛，俗称"水

● 竹筛晒青

筛"，直径约120厘米，边高4厘米，筛孔直径0.66厘米，用于摊放鲜叶。每筛摊放鲜叶0.5～1.0千克，摊放厚度越薄越好。二是晒青架，架高80～90厘米，宽约80厘米，用于置放多层水筛。晒青架应置于厂房外阳光充足处，让下午的漫射光照射架中水筛里薄摊的鲜叶；晒青过程不宜翻动。

2. 地板铺网晒青

在低山或采茶量大的时候，多在洁净的地板上铺遮阴网，然后在网上摊放鲜叶进行晒青。

摊叶厚度3～4厘米，晒青过程要上下轻翻2～3次，使上下层的摊放叶晒青一致、失水率均匀，以利后续制作。

3. 人造光源晒青技术（RORA-1200型高色温强紫外线晒青）

人造光源晒青技术是科技创新、闪亮凤凰的又一新举，对凤凰茶产业乃至全国茶

区有着革命性的促进作用。凤凰茶区从 2013 年起研制使用 RORA－1200 型高色温强紫外线灯具晒青技术，彻底解决了阴雨天气晒青受困的老大难问题，极大提高了生产效率，稳定提高了产量和质量。

人造光源晒青以春季每天 15：30 至 16：30 的太阳光为参照对象，采集研究该时段阳光的光谱、色温和紫外线含量，开发了 RORA－1200 型高色温强紫外线灯具，其光线投射均匀，有效光斑热量达到 33 ~ 36℃，光谱适宜乌龙茶晒青要求。

人造光源晒青效益显著。春茶采摘期集中在清明、谷雨季节，凤凰山区时雨时晴，阴雨绵绵，给春茶采制带来严重困阻。过去，高山茶园常因雨天推迟采摘导致新梢芽叶老化，按照茶农估算，因放弃采摘造成的春季产量损失约 30%，同时，因雨天不能正常晒青，加工后的成茶品质也不尽如人意，售价大幅下降。天气因素严重制约了单丛茶产量与质量的提升。

以凤凰镇乌岽村为例，正常天气采摘的鲜叶经过晒青工序加工后，每千克成茶的批发价超过 1 600 元，甚至突破万元；而遇雨天没有经过晒青环节的成茶每千克批发价仅为 600 元左右。2013 年春茶采摘期间，乌岽名丛"兄弟茶"有部分是晴天采制的，成茶每千克批发价达到 16 000 元，一销而空；而有小部分雨天采制的成茶，每千克批发价 750 元，却无人问津。

传统的阳光晒青在 16:00 左右就要歇工，因为 17:00 后没有阳光晒青。应用人造光源晒青技术后，可充分利用下午采茶的最佳时段，延长工作时间。此时新梢露水消退，鲜叶质量有利制作优质单丛。同时，该技术优化了后续做青、杀青的人力与时间组合，提高了单丛采制全程工作效率，可确保"春季高峰不弃采，阴雨一样制好茶"，产量与质量同时得到保障。

2013 年 7 月 8 日，强台风"西马仑"在福建漳浦县登陆。此时，人造光源技术传授至福建漳浦邻区云霄县的乌山凤顶生态茶园进行采制试验。暴风雨中采摘的是"白鸡冠"，采用人造光源晒青技术加工后，"白鸡冠"成茶条索紧结，汤色橙黄明亮，滋味清甜醇厚。此技术同样在其他茶区推广应用，彻底颠覆了"雨天不能采摘""雨天加工不出好茶"的定论。

晒青时间

一定要按各种鲜叶的叶质情况，合理、均匀晒青，按"一薄、二轻、二重、一分段"的原则操作。

"一薄"，即晒青时，要做到叶片薄摊不重叠，使茶青叶受阳光照射后，达到水分蒸发一致、叶温一致。

"二轻"，即茎短叶、薄叶片、含水分少的叶片应轻晒；干旱天气或空气湿度小时采摘的青叶要轻晒。

"二重"，即茎叶肥嫩、含水分多的叶片要重晒；雨后采摘、空气湿度大时采摘的叶片要重晒。

"一分段"，即茎长叶多、老叶多的青叶要分段晒，晒一段时间后，放置阴凉处，待其水分平衡后再晒。如果一次重晒，会造成水分失调，形成干茶后，香气不高且带苦涩味。

制作凤凰单丛，阳光晒青最佳时间为 16:00 ~ 17:00，晒青时间长短

☙ 晒青适度叶态

应视叶张的厚薄、含水量多少、阳光强弱等因素来定。在气温 22 ～ 28℃ 的条件下，晒青时间为 20 ～ 30 分钟。在生产中，制茶能手可凭青叶状况、空气湿度等综合经验，掌握晒青程度。春茶含水量多，晒青时间会长于夏秋茶；较老的鲜叶因内含物较少，晒青时间宜短于嫩鲜叶。

晒青适度

1. 晒青适度的标准

晒青适度的标准如下：

🍃 叶片失去原有鲜绿光泽，转为暗绿色。

● 晾青

- 青叶基本贴筛，叶片柔软已失去弹性，嫩梗折弯不脆断。

- 茶青略有水香形成。

- 茶青失水率为 10% ~ 15%。

2. 晒青注意事项

- 阳光强烈时不能晒青，避免灼伤叶片。

- 避免晒青不足或晒青过度。晒青不足时，茶青含水量过多，少数叶张会变软，多数叶张呈紧张状态，导致成茶青条多，滋味苦涩；晒青过度时，因叶片失水过多，部分嫩叶会变红起皱，导致晾青时叶片不能恢复紧张状态，影响下一步的生化变化。

- 雨天茶青水分含量大，宜薄摊于室内清洁地板上，用鼓风机使鲜叶表面水分散发，并适时采用紫外线光源照射完成晒青。

● 晾青适度叶态

四　晾青

晾青的作用有二：一是散发热气，降低叶温；二是促进鲜叶中各部位水分重新分布均匀，控制失水和化学变化速度。

晒青后的叶温有 30℃ 之高，此时需将晒青叶连同水筛搬进室内晾青架上，放在阴凉通风处，散发叶内热量。在控制失水和化学变化速度进程中，青叶各部分水分重新分布，逐渐恢复青叶的紧张状态，茶农称此时的晾青为"回阳"或"回青"状态。这个过程称为晾青，是晒青工序的补充，可以对晒青不足或晒青过度的青叶进行弥补，为下一道工序（做青）保证良好的青叶质量。

晾青的技术关键点为：

✎ 要做到"薄摊"，即一般青叶摊在水筛中的厚度不高于 3 厘米。摊叶过高，会造成叶温升高而致发酵加快，出现青叶"早吐香"现象，导致成品茶香气低下。如采用地板晒青，可将晒青叶松摊在室内地面上，叶厚 5 ～ 8 厘米。

🖉 晾青时不要随意翻动青叶，避免物理作用加速酶促氧化，提前发酵同样会使青叶出现"早吐香"现象。

🖉 晾青时间一般不少于 1 小时、不长于 4 小时。晾青时间太短，梢叶内因水分平衡不够，生化物质转化不足，影响成茶滋味；晾青时间过长，会导致青叶鲜爽度减弱，内含物损失过多，对品质不利。春、秋两季晾青时间为 1.5 小时左右，夏暑茶晾青时间为 2 ～ 3 小时。

可根据实际情况决定晾青时间的长短，即所谓的"看天做茶"。随着晾青时间的增长，叶子会呈萎凋状态。晾青适度后，将 2 ～ 3 筛的青叶合并为 1 筛，轻轻翻动一次，为下一工序（做青）做好准备。

五　做青

做青，也称摇青，是单丛茶品质特征形成的关键工序。做青由碰青（摇青）和静置往返交替数次进行，是一个发酵过程。在做青过程中，要密切关注青叶回青、发酵吐香、红边状况，结合当天温湿度气候，看青做青，这需要有相当丰富经验的制茶人综合判断。

做青原理

做青是用手工或摇青机，对晾青后的鲜叶边缘进行抖碰，在动力的作用下，鲜叶处于旋转、跳动、摩擦状态，叶缘表面组织受损，多酚氧化酶的活性增强，鲜叶内含各物质化学成分发生变化；当静置鲜叶的时候，叶内水分又重新流动至平衡状态，恢复了叶片活力。通过多次碰青、静置的交替，在物理作用和化学变化的渐续进程中达到如下效果：一是促进鲜叶青草气味向芳香物质转型，从而形成凤凰单丛的花香果味；二是促使儿茶素在酶的作用下，分解代谢、氧化缩合，使儿茶素含量有所下降，降低苦涩味，形成醇厚甘爽的滋味特征；三是做出绿腹红边的叶态特征。

实验研究数据说明，在做青过程中，儿茶素呈下降趋势，在第二次摇青后明显下降；三摇以后，茶黄素含量明显增加。

鲜叶边缘受碰撞力的作用，叶表受损逐渐增加，儿茶素在酶的作用下逐渐向茶黄素形成方向进行，对降低儿茶素含量、达到单丛茶滋味醇爽的品质有积极意义。

做青过程中各阶段儿茶素的总量

单位：%干物

做青过程	1	2	3	4	$\bar{x} \pm s$（平均值加减标准差）
鲜叶	9.02	10.54	10.03	10.22	9.95±0.656
晒青叶	10.38	10.99	9.94	10.35	10.42±0.433
一摇后	8.95	10.97	10.50	10.73	10.29±0.912
二摇后	7.62	9.48	9.43	9.44	8.99±0.915
三摇后	7.86	8.16	8.37	8.84	8.31±0.412
杀青叶	6.80	7.43	7.68	8.35	7.57±0.641

资料来源：涂云飞，周卫龙，等，2007.做青中儿茶素与茶黄素变化研究【J】.中国茶叶加工（4）.

做青过程中各阶段茶黄素总量

单位：%干物

做青过程	1	2	3	4	$\bar{x} \pm s$（平均值加减标准差）
鲜叶	<0.01	0.05	0.05	0.04	0.04±0.019
晒青叶	0.04	0.05	0.10	0.06	0.06±0.026
一摇后	<0.01	0.06	0.05	0.05	0.04±0.022
二摇后	0.02	0.12	0.06	<0.01	0.05±0.049
三摇后	0.09	0.24	0.10	0.06	0.12±0.080
杀青叶	0.17	0.21	0.05	0.05	0.12±0.082

资料来源：涂云飞，周卫龙，等，2007.做青中儿茶素与茶黄素变化研究【J】.中国茶叶加工（4）.

做青分为两个阶段：第一、第二次碰青过程为第一阶段，重点解决鲜叶回青问题，促使茶青恢复活力。

在第一阶段，每次抖碰鲜叶 3～4 趟，第一次碰青后需静置 1.5～2.0 小时再进行第二次碰青。在操作时要均匀、轻碰、松放、薄摊。鲜叶经过晒青后水分消失，达到柔软状态，碰青力度重，易使叶脉和叶细胞断折破损，影响水分循环，不利于回青。鲜叶薄摊，可避免叶温升高、提早发酵，适宜温度为 20～30℃。

第二阶段为发酵阶段，即第三、四、五次至碰青完成。每次抖碰青叶 4～6 趟，并逐次加大抖碰力度和摊放厚度，每次碰青后需静置 2.0～2.5 小时再进行下次碰青。在此过程中，酶促氧化发酵加快，芳香的醛类、醇类、酮类等物质和酚类物质比晒青叶显著增加，是形成单丛茶色、香、味品质的关键阶段。该阶段应重点注意吐香、红边现象。

做青方法

做青工序技术性强，做青原则是"看青做青"，即看品种做青、看气候做青、看晒青程度做青。碰（摇）力度宜先轻后重，次数由少到多，叶片摊放先薄后厚。

1. 手工碰青

目前，古树单丛、老丛或鲜叶量少的株系（品系）仍采用手工碰青方法。手工碰青时，用双手从底部抱住竹筛使叶子上下抖动，使茶青相互碰击，以摩擦叶缘细胞。在 5～6 次碰青过程中，结合态萜烯醇类在糖苷酶的作用下解离出来，青叶的气味从青草气味到青香气味、青花香味，逐渐转化为凤凰单丛茶各品种的自然花香微香。

凤凰茶农近几年已自主研发联动竹筛摇青机，以机动代替手工摇动，茶叶在竹筛上面旋转、跳动、摩擦。

2. 碰摇结合

碰摇结合即第一、第二次采用手工碰青，第三次开始用摇青机直至完成。摇青

☙ 手工碰青

☙ 竹筛摇青机

机的设置是长 200 厘米筒形的摇青笼可投叶量 25 ~ 35 千克，每分钟约 39 转，摇转 50 ~ 100 转。碰摇结合可有效减轻茶农的劳动强度，是凤凰茶区普遍使用的做青方法。

3. 全程机械法

全程机械法即用摇青机完成 4 ~ 5 次摇青，摇青机设置速度应从慢开始，逐渐加速。第一、二、三次摇青之间静置 1.5 小时，第四、五次摇青之间需静置 4 小时，并视叶片转化情况，决定是否延长静置时间。全程摇青机的物理作用力度相对较大，12 ~ 13 转 / 分为最佳速度，全程摇转 50 ~ 60 转。现在，低山茶园或采制批量大的蜜兰香单丛多采用摇青机做青。

做青工序的技术关键点

1. 夜间做青

在夜间做青的茶叶，通常是在 13：00 左右开始采摘的，晒青质量好，鲜叶水分较平衡，有效物质多。夜间气温较低，空气相对湿度大，发酵均匀缓慢，对茶叶的回青有利。凤凰人习称"过夜"是好茶，即良好的晒青原料、良好的室温环境、精细的专注操作，在夜间做青优于白天。

2. 确保回青

茶青碰青后如果不能按时回青，那么其制成的干茶一定带苦涩味。

茶青的回青原理为：在晒青过程中，叶片受光能照射，水分消失快，而枝条叶脉水分消失慢，导致叶片与枝条的含水量不同。在碰青过程中，通过振动碰撞，使枝条叶脉的水分循环流动，不断补充到叶片组织中，使枝、叶水分协调平衡，叶片逐渐还原硬挺，形成茶叶的回青。通过水分的流动，把枝条叶脉里所含的有效成分输送到叶

◔ 第一次做青结束时的叶态

片细胞，同时减少茶叶的苦涩味。因此，在做青过程中，一定要掌握好水分的平衡，按时回青，在正常的加工过程中，第三次碰青后，就要求达到回青。

3. 香气变化

在做青过程中，香气成分变化的主要表现为低沸点的青草气物质大部分挥发散失，高沸点的芳香物质诱发出来。这些芳香物质以恰当的比例综合作用，构成了凤凰单丛的品种香。在正常做青过程中，第三次碰青时会散发出清淡花香，称为"吐香"。在第三、四次碰青和静置阶段，感觉香气转变明显加快，从淡水香逐渐转至自然花香显露，此时是转接下一工序的邻界点。随着做青、杀青、揉捻、烘干过程，品种的自然香型特征越发明显。

做青工序常出现先吐香、慢吐香、不吐香现象，而制成的干茶香气相应表现为香气不高、不清、无香。出现这些现象，主要是受温度的影响。在做青过程中，鲜叶开始发酵，且温度越高，芳香物质的分解越快，形成"先吐香"，相反则慢。因鲜叶的品种、采摘季节、老嫩不同，吐香的节奏快慢也不同，所以，一定要结合气温与鲜叶的变化，调控操作技术，保证鲜叶适时吐香。第三次碰青过程中如没有出现吐香，往往是因为温度偏低、发酵过慢，此时应采取措施提高温度，加快发酵、吐香。

第三次碰青时，鲜叶开始出现微红边状态。第四、五次碰青后，两手紧握筛沿，用力做回旋转动，使叶梢在筛面旋转与跳动，鲜叶之间相互碰撞，叶片与筛篾相互摩擦，这一过程称为"摇青"。

五次碰青后，发酵程度达到70%～80%的鲜叶叶片边缘呈现一线朱红，叶片返活，叶脉透明，叶面呈汤匙状，青草气味散尽，花香或果香显露，即"做青适度"。

4. 红边程度

在碰青过程中，边缘叶细胞由于酶促氧化而形成红边状态。单丛茶叶底的特征是"二分红八分绿"或"三分红七分绿"，俗称"绿腹红镶边"，这是发酵适度的叶态。

◉ 第二次做青结束时的叶态

◉ 第三次做青结束时的叶态

◉ 第四次做青结束时的叶态

◉ 第五次做青结束时的叶态

在碰青过程中，如果第三次碰青过程中尚未出现轻微红边现象，可将手动碰青改为机械摇青，适度增大叶边缘摩擦力度；如果红边过快偏多，就要减轻摇青力度，控制氧化速度。

5. 温湿适度

在室温 20℃、相对湿度 80% 的条件下做青有利于发酵，茶多酚保留量和茶黄素的积累量最佳，是满足制好茶的最佳温湿环境。如果气温偏低，就必须把摇青时间延长；反之，温度过高，应把鲜叶松堆、薄摊，降低叶温。如遇北风干燥天气，室内湿度偏低，鲜叶含水量低，茶多酚的非酶自动氧化加速，茶褐素积累过多，会造成单丛茶汤色和叶底欠亮，滋味淡薄，此时，必须采取室内增湿的措施，保持一定湿度，防止鲜叶水分消失过快。

现代科技的发展推动了茶产业的进步。低山区域部分茶农在炎热的夏季已应用现代空调设备，保证做青过程的温湿度适宜，精心加工各种香型的名优单丛茶。

六 杀青

杀青，也称"炒青"（请注意，此处与绿茶中的炒青工艺有别）。杀青的目的有二：一是用高温迅速抑制做青叶的酶促氧化，控制茶叶色、香、味的形成与转化；二是继续散失做青叶的部分水分，以便揉捻造型。

杀青方法

1. 手工杀青

用口径 72～76 厘米的平锅或斜锅，锅温掌握在 200℃ 左右，每锅投叶量

● 滚筒杀青

1.5～2.0千克。

鲜叶投入锅时，会发出均匀的"哗啪"响声，通过均匀翻动，杀青2～4分钟后，减退炉灶明火降温，再杀青2分钟，全程杀青时间为4～6分钟。

杀青手法为"先闷、中扬、后闷"。开始以闷炒快速提高叶温，制止酶促氧化；再以扬炒散发水分，挥发低沸点的青草气；后转以闷为主，扬闷结合，使鲜叶能够杀透、杀匀，防止失水过快。当叶色渐变浅绿，略呈黄色，叶面完全失去光泽，气味变成微花香（品种香），即为杀青适度。制茶能手不用打开杀青锅门，只需贴近锅旁嗅味，当微花香显露时，即可判断杀青适度出锅的节点。

2.机械杀青

大批量生产、普遍应用的机械杀青工具为90型、100型及110型电动式滚筒杀青机，转速10～13转／分，炉温220℃左右。根据叶量选用不同的机型，投叶量15～25千克，根据茶青的物理变化情况，调控杀青时间，一般为7～9分钟。

杀青工序的技术关键点

1. 杀青原则

杀青时应把握以下原则：高温短时，以闷为主，扬闷结合。

2. 单独杀青

鲜叶有不同的形态，茎的老嫩、叶质厚薄、含水量不一，不可混锅杀青，避免杀青叶出现生熟不匀；不同鲜叶的糖类物质与氨基酸在热的作用下，形成的花香、果香、甜香等香型不一，需按鲜叶品系分锅杀青，避免香型模糊。

3. 先高后低

用高温快速抑制酶的活性，避免因温度不够出现红梗红叶。温度对于酶的活性如同一把双刃剑，既有催化增强又有抑制钝化的作用。多酚氧化酶在15～55℃时，随着温度上升，活性增强，当温度升高至65℃以上时，活性才下降。当鲜叶下锅时，如果锅温较低，鲜叶中酶仍然具有一定的活性，茶多酚的氧化聚合形成茶黄素、茶红素等红色氧化产物，便会出现红梗红叶。当锅温达到220℃时，叶温达到"失活点"，活性急剧下降，4分钟后开始完全失活，才能完全抑制酶促氧化。同时，要防止温度过高。温度过高易致鲜叶烧焦、失水过快，对形成滋味物质转化不利。

4. 时间适宜

根据鲜叶的采摘季节、老嫩度、投叶量和温度灵活掌握杀青时间，以杀透、杀匀、杀得适度为标准。扬炒时间不宜太长，防止因失水太多而致叶片干枯、碎裂。闷炒时间不宜太长，防止叶片氧化红变。杀青适度的叶质柔软，便于揉捻成条做形，如掌握不当，杀青时间太短，会导致多糖、茶多酚、蛋白质的水解转化不充分，可溶性糖、游离氨基酸等滋味物质就形成得少，造成茶叶滋味淡薄。

5. 杀青适度

叶片皱卷、手握成团，有粘手感，顶叶下垂，叶质柔软，枝梗折而不断，便于揉捻成条做形；叶色转黄绿，失去光泽；青草气消失，散发清花香，即"杀青适度"。

七　揉捻

揉捻目的有二：一是使条索成形，外形美观；二是破坏叶细胞组织，茶汁黏附于叶面，经过生化作用，增进水溶性物质的形成，使成茶色泽油润、滋味浓醇、耐冲泡。

揉捻方法

常用揉捻机完成该工序，机型规格包括30型揉捻机（可投叶量4千克）、35型揉捻机（可投叶量6千克）、40型揉捻机（可投叶量8千克）。

揉捻工序的技术关键点

1. 温揉

杀青叶出锅后，应稍透散水热气，随即进行温揉。当叶温降至30℃

揉捻机作业

左右入机温揉，此时杀青叶处于温热状态，叶内果胶质浓度黏性大，叶质柔软易卷紧成条。切不可杀青叶未散水热气、叶温高时入机揉捻，否则会加速多酚类物质的酶促氧化与缩合，对色、香、味生化物质的形成不利。

2. 揉捻力度

揉捻力度应掌握"轻、重、轻"的原则，先轻后重，逐渐加压。全程约8～10分钟。宜空揉1分钟→加压3～4分钟→松压1分钟→再加压2～3分钟→松压1分钟，然后将揉捻叶下机。不宜加压过重，以免形成扁条和碎片；不宜叶温过高，以免加速茶多酚的自动氧化，影响色、香、味品质；揉捻加压力度以揉出茶汁为适度。如外形不紧结，则要进行第二次复炒、复揉，增进条索紧结。

● 理条机

3. 解团理条

揉捻叶下机后要及时抖散解团，用双手捧起茶胚，用力向下顺甩（此动作称为"理条"），使揉捻后的茶胚更加紧直。目前，在大批量生产中，已多用茶叶解团理条机进行理条。

八 烘焙

烘焙，又称"干燥"，是单丛茶初制加工的最后工序，分为初烘、摊凉、复烘三个阶段。烘焙目的有二：一是散发水分，达到干燥固型，有利贮藏；二是发展香气，增进品质。

◗ 地灶烘焙

烘焙方式

1. 地灶烘焙

地灶烘焙，俗称"炭焙"，是凤凰茶区传统的特色技艺，对增进单丛茶品质有积极意义。

地灶烘焙用具有：台灶，用土砖砌成，长75厘米，宽75厘米，内膛直径56厘米，深39厘米，可根据场地砌成连排式多头台灶；焙笼，用篾织成，筒状，中空，高60厘米，上端直径62厘米，下端直径65厘米，距焙炉顶端20厘米处置放焙筛；焙筛，用篾织成，圆形，边高2.5厘米。

炭焙原理：焙炉内装入木炭并烧透，盖上炉灰，使其保持一定温度

🥄 热风焙橱灶

但不见明火。将焙筛置于焙笼内，将待烘茶叶匀摊在焙筛上后，将焙笼移至焙灶上，并在焙笼上轻盖竹葫，以免香气散失，但不需紧罩，稍留空隙散发水气即可。通常高级单丛、中高山高价好茶常用炭焙干燥；在低山大规模茶叶生产的足火阶段，也采用该方式。

2. 热风焙

热风焙是 20 世纪 90 年代后的新型烘焙方式，适用于生产量大的烘焙作业。

热风焙用具：炉灶；橱体；焙筛，方形，高 3 厘米，木质边框，筛网为不锈钢丝材质；焙筛架，层距 13 厘米，可置放 12 层焙筛。

热风焙原理：炉灶与橱体相连，中间有钢板阻隔火源，橱体内有钢管输送热风；干燥时，先匀摊茶叶于焙筛网面上，将焙筛放入焙橱内的焙筛架上，关上橱门，用鼓风机将热气通过热风管输送至厨厢内，利用橱厢内的高温烘焙茶叶。

茶叶机械在不断创新，现已开始使用"电炭两用一体焙茶机"。

烘焙流程

单丛茶烘焙不能一次烘干，需进行初烘、复焙、足火三次烘干。

1. 初烘

将揉捻叶置于焙笼内进行初焙，摊叶厚度不高于 1 厘米，温度控制为 130 ～ 140℃，焙时约 10 分钟，其间要翻拌二次，翻拌要及时、均匀，烘至六成干时起焙摊凉。

2. 摊凉

摊凉 1 ～ 2 小时，摊凉厚度不能高于 6 厘米，待初烘茶叶凉透，梗叶水分重新分布平衡为适度。此时，手触茶胚不粘手，微感扎手。

3. 复焙

将初烘叶进行复焙，摊叶厚度不高于 5 厘米，温度控制为 90 ～ 100℃，焙时约 30 分钟，其间翻拌 2 ～ 3 次，烘至八成干时起焙摊凉。

根据气候、茶胚情况，摊凉 6 ～ 12 小时不等。摊凉适度时，手捏茶胚叶片可粉碎，枝茎折之脆断，嗅感清香，成茶品质基本定型。拣剔后，可进行足火或收贮。

4. 足火

宜采用薄摊茶胚，"文火慢焙"，温度控制为 70 ～ 80℃，烘至足干一般需 2 ～ 6 小时，其间翻拌 2 ～ 3 次。足干后的成茶含水量约 7%，手捏叶片可成粉末状，干嗅茶香清高，略带"火味"。

足火干燥后，平温存贮约10天后，可退去"火味"，此过程称为"回火"。经过回火的单丛茶品质更优。

烘焙工序的技术关键点

1. 分阶段调控温度

第一阶段初烘，宜高温短时；第二阶段复焙，宜低温长时；第三阶段足火，宜文火慢焙。

初烘时采用高温可快速散发水分，破坏残留酶的活性，使茶叶散发青草味物质，固定前六道工序形成的品质。复焙时，在相对低温长时间的热化作用下，可保持果胶、蛋白质、茶多酚的软化状态，有利于条索紧卷，提升芳香物质的转化和形成。足火时采用"文火慢焙"，进一步使茶叶散发水分，提升香味，利于品质稳定。

2. 分阶段掌握水分含量

第一阶段初烘的干度为六成干，茶胚保留一定的水分，有助于茶黄素的形成和积累，对滋味物质的热转化协调有利。第二阶段复焙后的干度以八成为好，在摊凉过程中，若水分含量过高，会使茶多酚的自动氧化加速，茶黄素大幅下降，茶褐素大量形成，造成茶汤味淡、鲜爽度差。第三阶段足火后的含水量宜为7%，此阶段水分含量不宜过低。因为在初制阶段，茶梗与茶条或茶片的受热程度不同，不可烘焙过猛过干，可在精制过程中再进行补火烘焙。

九 精制、贮藏

初制完成的单丛毛茶，虽可直接饮用，但因规格不一致，梗、黄片、杂质的含水量不同，其外形和内质未能尽善尽美，不符合商品出厂规格和存贮要求。因此，必须进行精制加工。

毛茶存贮

初制产品转入存库的保管方法是用白布袋内衬塑料袋，或用大铁锌桶、不锈钢桶贮装，装后置于干燥处，防光、防潮、防碎。包装物应不带其他杂味，防止吸湿和生杂味。

精制加工

1. 传统手工精制方法

✐ 拣剔杂质、黄片、梗枝。

✐ 飘筛分割碎片、粉末。

✐ 用焙笼炭火烘焙，除去多余水分和杂味，提升香气，醇化滋味，使单丛茶水分含量不超 5%，以耐贮藏。

✐ 对精挑细选后的茶叶进行补火，采用炭火慢焙。炭笼烘焙讲究精细作业：先将木炭碎入炉堆满炉膛，然后将烧红的炭头放进炉头燃烧，当炉面充分烧透之时，铺盖谷糠灰于炉面上屏盖炉头，经过一夜燃烧后，谷糠灰转为白色，不可有红火露火，方可入焙笼。

长时间"文火薄摊"的烘焙方法，可使茶叶进一步散发水分，有助于一些香气物质的转化形成、解离和发挥，增进高锐持久的香气；有些糖类物质在高温作用下，多糖的裂解会增加可溶性糖的数量，有助于增进茶汤的醇厚和甜香；具有陈味的 2，4− 庚二烯醛在高温作用下会显著减少，对改善茶叶香气起重要作用。

凤凰单丛精制后的水分含量为 3.5% ～ 4.5%，不宜超过 5%，这有助于单丛茶品质稳定、耐贮藏。

● 高端智能分选机   ● 不锈钢大桶

目前，凤凰茶区中高档茶叶的生产仍使用传统精制加工方法。

2. 规模化精制方法

规模化精制工序：毛茶原料→筛分→分选→拣剔→拼堆→烘焙→摊凉→匀堆→装箱→入库贮藏。

凤凰单丛茶的拣剔精选是工作量大的慢工细活，农忙季节常常为雇请拣工犯愁。

过去，按照传统的人工拣剔杂质、黄片，每天精选茶叶3千克，人工费用50元／天。随着科技的进步，2008年已使用高端智能茶叶分选机，可设置独立色选或形选，亦有独立色选加形选组合等多种分选方案。高端智能分选机对单丛茶作业的主要性能指标为：原料水分≤8%；原料含杂率30%～50%；选净率≥97%；破碎率≤3%。高端智能茶叶分选机每小时可精选茶叶40～50千克，平均每千克精选工钱为2.4元，不仅改变了复杂茶叶人工无法分选和产制率低下的模式，而且极大提高了精制工序效率，节省了生产成本。目前，已采用高端智能分选机产制量大的中低档单丛茶，使其达到分选后黄片、茶梗、碎片、粉末等自动分离，外形净度较匀整的状态。全自动茶叶烘干机及专业化的精制产业链，促进了凤凰单丛茶叶产量与质量的同步提升。

3. 包装

原箱大包装

出口包装或批发散装产品采用五层瓦楞纸箱。常用纸箱规格为长40厘米、宽40厘米、高60厘米，内衬塑料袋；或根据客户需要另行定制规格包装。纸箱与内衬袋的卫生标准必须符合国家食品卫生标准。

仓库要求场地清洁、通风、干燥，不受阳光照射，铺垫40厘米木质地台板；防火、防潮、防异味、防污染；茶叶箱须有序置放于地台板上，以防接触地气吸潮。

特色小包装

用于销售包装的单丛产品用双层纸或单层厚纸内加白塑袋包装成长方体形，包装规格有250克×2包／袋、125克×4包／袋、100克装等。广大民众和许多海外侨胞熟悉这种包装的传统产品，亲切地称其为"枕头包"。看着茶农们包装这种"枕头包"单丛，犹如在观赏工艺造型。他们不用模具，就凭一双手，就能灵巧飞快地折叠出棱角分明、规矩统一的"枕头包"。许多外地的茶商或销售商要完成"枕头包"包装，却是"无从下手"，只有借用木模配置，才能一般整齐。这种包装产品朴实无华，亲民环保，且防潮效果好。

今天，凤凰人在保留传统包装的同时，开发出了一系列防光、防潮、防碎、无异味的新型包装，如礼品罐装、铝箔袋、小泡装等，在市场上颇为畅销。

☞ 双手枕头包装

第五章 · 凤凰单丛茶的品质鉴别

凤凰单丛是历史名茶，有着近千年的深厚底蕴。

王镇恒、王广智主编的《中国名茶志》指出：凤凰水仙（鸟嘴茶）入列清代全国名茶 40 品目之一。

1915 年，为选送 1 千克凤凰水仙参加国际大赛，凤凰人不辞艰辛辗转日本、美国，呈送巴拿马万国博览会。功夫不负苦心人，最终凤凰水仙荣获首届世界博览会银奖。

中华人民共和国成立后，凤凰单丛茶在国家级、国际级茶叶评比会上屡次获奖。1986 年，时任广东省茶叶进出口公司潮州市茶叶公司副经理的黄瑞光先生，参评商业部举办的"全国名茶展评会"，凤凰单丛以 99.8 分位居榜首，获得此次国家级名茶大选"全国名茶"。

作为凤凰水仙中的优异单株，凤凰单丛如今仍是中国茶界翘楚。

一　凤凰名茶评比

为激励茶农、茶企坚持名茶生产，坚守茶叶质量，凤凰镇政府于 1991 年 5 月举办了首届名茶评选会。其间，由评审团对获奖茶叶评议作价，政府收购，对推进名茶生产产生了重大影响。

在总结首届评比会经验的基础上，1997 年 5 月，由凤凰镇政府牵头，凤凰镇茶叶协会组织，举办了第二届凤凰镇茶叶评比会。茶农们热情高涨，踊跃参评，其间共有参评茶样 41 个。从这届评比会开始，政府不再收购获奖产品，由茶农自行交易，并由此确立了每年 5 月举办常规性的凤凰镇茶叶评比会，旨在作为提升和推进全镇名茶生产的永恒动力。

1991—2019 年，凤凰茶区已陆续举办 22 届茶叶评比会，参评茶样从第一届的 30 个，到 2019 年已多达 316 个。

一年一度的茶叶评比会是对当年茶农种植茶叶品质的一次全面检验，制茶技术的交流，科学地提升了茶叶生产工艺与茶叶质量，促进了凤凰茶产业的健康良性发展，提升了名茶知名度，具有非凡的意义。

茶叶评比成效显著

坚持 20 多年的凤凰茶叶评比会是优化凤凰茶产业持续发展的驱动引擎。20 世纪 90 年代，凤凰茶业飞跃发展，茶叶高产、畅销，但凤凰茶人始终遵循采制技术须符合品种特性、创新与传承兼顾的发展思路。

在消费市场，常听喜饮乌龙茶的消费者评述："凤凰单丛茶一直保留绿腹红镶边的品质特征。"的确如此，凤凰茶人始终不忘优选培育、遵循传统、精心制作的初心；凤凰镇历届政府持之以恒地以质量为导向，坚守初心，深明凤凰重器必须掌握在自己手里，不负"中国乌龙茶之乡"凤凰名片。

持续不断的年度茶叶评比激发了凤凰茶人的干劲、闯劲和钻劲。每年 5 月是凤凰人的盛会，凤凰镇上比过年还热闹，茶农们踊跃参评，捷报频出。

年度茶叶评比已成为凤凰茶业的响亮品牌，国内外媒体聚焦凤凰，海内外客商慕名前来。1998 年 5 月，在第三届茶叶评比会期间，美国美中珍茶行派员观摩茶叶评比、考察乌岽高山茶园后，当即订购 80 多万元的茶叶，运销美国市场。许多外地茶商、茶企，通过茶叶评比深入了解了凤凰名丛的珍贵资源和优良品质，纷纷与茶农对接，建立合作伙伴关系。潮州安信证券主动联系冠名 2011 年第十五届茶叶评比会，并为获奖者提供奖品。荣誉感与使命感激励着凤凰茶人以做好茶为荣，用劳动证明幸福是奋斗出来的。

🍵 评比会现场

乡土评比历练工匠

茶叶评比会的主办者是凤凰镇茶叶协会，评比活动不收费，要求参评者所送茶样达1.8千克以上，其中0.3千克被抽取作审评样，余样封存，待评比会结束后将余样归还参评者。

每年参评的茶样代表了凤凰茶区生产的最高品质水平。送评茶样将按照花香型单丛、蜜香型单丛、石古坪乌龙三个花色分类。在审评中，往往同一品系（品种）会有几十个样品同台竞赛，可谓"强者如林"。

评委团由制茶、审评经验丰富的茶叶专家和凤凰茶农组成，他们具有国家职业技能高级评茶师或评茶师资格，对凤凰茶有着极强的鉴别力。在评比会颁奖仪式上，由茶叶专家对参评茶样进行点评，给予优胜者感官品质的肯定，对于未能胜出的，帮助其分析原因，提供改进建议。

茶样审评过程对外公开，现场观摩者在审评区外可直观全程。评比结果当场公开，在核对茶样编号后直接宣布获奖结果。茶叶评比会的严谨性和公正性让广大茶农信服，大家积极参与，每年都有新增样品参评。

茶叶评比会不仅是对参评茶样的审评，也是对评委团鉴评能力的考评和提升。在复评轮次中，各茶样感官品质的差异微乎其微，对审评者的鉴别能力极具挑战。时有这样的情形：茶农施以小计考验评委，将参评样一式两份，报以不同参评者名单，最终评比结果均处于相同奖项。高水平的竞技实拼，历练、培育了一批"非知之难，行之惟难"的乡土工匠。

专业审评严谨规范

评委团依照乌龙茶感官审评方法，分别审评茶样的外形和内质。

审评茶样（0.3千克）外形，主要审评因子为条索和色泽。

内质审评主要包括香气、汤色、滋味、叶底四个因子。称取茶样4克，冲泡三次，浸汤时间分别为1分钟、2分钟、3分钟。

审评程序包括初评和复评。初评是根据参评茶样数分为若干组，每一组评审样不超过10个；复评需经3～4个轮次。首轮复评产生三等奖，次轮复评产生二等奖，第三轮复评产生特等奖和一等奖。

评分参数：外形、内质各品质因子以百分制评分，以98分为评分上限，80分为评分下限。

凤凰镇名茶评比评分参数

参数	条索	色泽	香气	汤色	滋味	叶底
分值（分）	15	5	35	5	35	5

评审结束后，综合各组评审结果，划定各奖项茶样，核定送评者，现场公布评奖结果。奖项设定常见等级有特等奖、一等奖、二等奖等。其中，石古坪乌龙不是每届都有参赛样品，但花香型单丛和蜜兰香单丛每届都会有参赛样品闪亮登场。

奖项设定常见等级

花色品种	奖项		
花香型单丛	特等奖	一等奖	二等奖
蜜兰香单丛	特等奖	一等奖	二等奖
石古坪乌龙		一等奖	二等奖

● 感官审评用具

经严谨规范的专业审评决出的特等奖茶样，其外形、色泽、香气、滋味和叶底均呈现出较高的水平，反映了凤凰茶区高超的茶叶制作工艺、深厚的文化底蕴和良好的传承。

二　感官评定方法

感官审评用具

    ✎ 木质评茶盘，供审评茶叶外形时用。

    ✎ 纯白瓷的 100 毫升盖杯、110 毫升汤碗，供审评茶叶内质时用。

    ✎ 白色陶瓷盘或搪瓷盘，供展开观察浸泡叶片时用。

    ✎ 小汤匙（白色），供品尝滋味用。

    ✎ 天平秤，供称量茶样时用。

审评方法

    ✎ 取混合均匀的有代表性的单丛样品于干茶盘中，审评茶样的外形条索和色泽。

    ✎ 用天平秤取茶样。抓取茶样时须用拇指、食指、中指三个手指伸

● 审评过程

入干茶盘，从上到下一撮到底抓足茶，称取 4 克茶样置于 100 毫升的审评盖杯中。

✍ 烧开 100℃ 沸水注入盖杯内，刮去浮沫，加盖浸泡，注水一定要冲满盖杯，以免水温不够，影响嗅闻香气。

内质审评主要包括茶样的香气、汤色、滋味、叶底四个因子。采用三次冲泡法，时间分别为第一次浸泡 1 分钟，第二次浸泡 2 分钟，第三次浸泡 3 分钟，每次出汤时将茶汤沥放于 110 毫升汤碗中，依次分别嗅杯盖香气，审评香气、汤色和滋味；最后一次嗅杯底香和叶底香。在嗅香过程中，可分别通过热嗅、温嗅和冷嗅，反复多次，辨别香气高锐、纯正、持久与否。

✍ 将杯中茶叶移入叶底盘，用清水浸泡展示叶底，主要观察茶叶的柔嫩度、匀亮度，综合评定品质。

✍ 第一次冲泡辨别香气高低或是否有异杂味，第二次冲泡全面评比香气、汤色、滋味，第三次冲泡评比各因子的耐泡程度，最后将叶底移入叶底盘，加水展开进行叶底审评。

审评技术

1. 外形审评

外形审评即干看外形。凤凰单丛初制毛茶主要审评条索和色泽两项因子；精制产品的外形审评则有条索、整碎、色泽、净度四项因子。

凤凰单丛外形条索壮紧、体长挺直，叶柄较长。高山茶、老丛茶条索较紧细；中低山茶、嫁接新茶丛条索较粗壮。高档茶要求条索完整紧实、匀净、无断碎梗杂；中档茶条索壮实，稍含茶梗；低档茶粗实或较粗松。

凤凰单丛白叶型品种（如白叶单丛、蜜兰香）色泽黄褐或乌褐油润；"乌叶型"品种（如大乌叶、鸭屎香）色泽绿褐或乌褐油润。高档茶的色泽显光润，中、低档茶光泽欠润。

评比净度是指茶叶的干净程度，不允许含有非茶类夹杂物，如树叶、沙石、杂草、棕毛、虫体等。

2. 内质审评

内质审评即湿评内质，冲泡后嗅香气、尝滋味、看汤色、评叶底。在内质审评的四项因子中，重点是香气和滋味，侧重以下三个方面：

一是区分高山单丛茶与低山单丛茶。同一品种，高山茶香气清高细腻，中山茶香浓欠清，低山茶香浓欠纯。

二是区分"老丛"和"新丛"。"新丛"茶多指20世纪90年代后嫁接换种的"接种"茶，长势旺盛，香味浓、欠细；"老丛"茶香清味爽、回甘度好；高山老丛多是珍贵的名丛，如"大庵宋种"花香高锐、"老八仙"香气高锐细长。

三是区分香味特征。 凤凰单丛香味特征主要有花香型（如黄枝香、八仙、玉兰香、桂花香等）和花蜜香型（如蜜兰香、白叶单丛等）。 审评中主要评比香气高低和滋味是否醇爽，在滋味方面辨别"浓、涩、醇、爽、苦、甘"的协调关系，味浓、不涩、回甘为"浓醇爽口"，味浓、微涩、不苦为"浓厚"。

3. 综合评定品质

商品茶中常见有"异丛同名"或香型与名称不相符的情况。 其原因有二：一是凤凰单丛的命名方法多是茶农各自命名，带有主观性；二是同一品种的茶叶，生产工艺的半发酵程度和烘焙程度不同，其香型特征不尽相同。 审评中重点评比香气高低、滋味醇爽和回甘度，香型与名称是否相符仅为参考。

审评汤色明暗、清浊程度。 以汤色金黄或橙黄为好，秋茶或冬茶（雪茶）多为浅橙黄，明亮清澈。

审评叶底以软亮、完整匀净为好；绿腹红边是加工正常的叶底表现。

综合审评各因子，评定品质的优次和价格高低。

4. 凤凰单丛茶品质特点描述

外形描述主要为紧结重实度和色泽润度，其中色泽润度是描述重点。 内质描述主要为香型特征（如自然花香、花蜜香、花果香）、香气高低（花香清高→香浓尚清→清香尚长→微香带杂）、滋味浓醇度（浓爽→浓醇→醇厚→浓带粗涩→硬涩等）。

审评香气与滋味时，茶样具有的特殊"韵味"需要描述。 如高山茶、老丛、名丛具有特殊的"山韵""丛韵"，是高档单丛的特征；所带有的"青""粗""苦""涩"杂异味等缺点也要一并描述。

高档凤凰单丛茶的品质特征是花香细腻清高持久，滋味浓爽回甘，韵味明显；汤色金黄、清澈明亮；叶底柔软亮，淡黄红边或绿腹红边。

三 凤凰单丛品鉴与欣赏

嗅香要点

凤凰单丛茶以花香为特色，多次嗅闻香气可细致判定品种香型、地域特征、采制季节，为综合评定品质奠定分析依据。

单丛茶因品种不同而香气各异，这些香气物质有些是品种具有的赋香物质，有些是在加工过程中转化形成的。香气形成的途径，一是晒青中光能引起的强烈生物化学作用；二是做青中有控制的酶促氧化与水解作用；三是烘焙工艺低温长时热作用。在做青、杀青、烘焙工序中，鲜叶中低沸点的主要香气物质大部分挥发散失，高沸点的香气物质保存较多，并以协调比例形成新的香气物质。茶叶中常见的香气物质呈香特征在程启坤的《茶化浅析》中有所描述：

序号	香气物质	呈香特征
1	1-戊烯醇（3）	带青气的清香
2	顺-2-戊烯醇（1）	带青气的清香
3	苯甲醇	苹果香
4	沉香醇氧化物	花香
5	沉香醇	百合、玉兰花香
6	2-苯乙醇	玫瑰花香
7	牻牛儿醇	玫瑰花香
8	吲哚	果味香
9	β-紫罗酮	花香
10	橙花叔醇	甜花香

资料来源：程启坤，1982.茶化浅析【M】.中国农业科学院茶叶研究所情报资料室.

凤凰单丛茶常见有花香、果味香、花蜜香、甜花香等多种香型，主要构香的物质成分是吲哚、沉香醇氧化物、橙花叔醇等，各品种内含成分不同。

第一、二次嗅闻香气时，应重点注意辨别香气的高低、纯杂度；在第三、四次嗅闻香气时，应重点注意分辨山韵特征是否明显、香气持久与否。

凤凰单丛除品种具有的自然香型，其香气的高低呈现与加工中做青阶段鲜叶吐香时间掌握得当与否紧密相关。凤凰茶农在长期的实践中，总结出做青叶吐香阶段与成茶香气的因果关系。我们用花蕾含苞待开的香气，比喻其三个阶段与成茶香气所呈现的规律。做青阶段吐香到含蕊初开为适时时段，及时杀青并配合后续工艺，可在成茶品质中呈现出香气细锐、持久的香韵，这是高档凤凰单丛具有的香气特征。

做青叶吐香阶段与成茶香气规律

做青叶吐香的三个阶段	成茶香气评定
含蕊初开的香气	细锐、持久
花香盛开的香气	清高浓香
花香凋谢的香气	略清高

因按照不同的株系、品系采制，凤凰单丛成茶展现出品种各异的香型。十大香型品系是凤凰单丛茶的典型代表，为爱茶人所熟知。

同时要说明的是，香气的判断具有主观性强的特征，饮茶人大可发挥自己的想象，去体会茶中优雅迷人的香气（自然花香）。饮茶闻香，为品单丛茶的一大乐趣。

滋味特征

在品尝滋味的审评过程中，通过口腔不同部位的味觉体验，分辨滋味醇爽或苦涩的优次以及季节茶的风格特征。口腔三个部位体会特征及品质描述如下表所示。

口腔各部位体会特征及品质描述

口腔部位	味觉体现	成茶滋味评定
喉感	浓醇鲜爽回甘	最优
口腔	齿颊留香	次于喉感
舌头	有苦涩感	最次

要获得凤凰单丛茶喉感好的品质，通常须具备的采制条件是高山茶、老茶树和优良的加工技术。究其原理：

首先，凤凰高山茶区的老茶树每年只采制一次春茶，其鲜叶内含物质丰韵饱满，具备优质鲜叶基础。

其次，凤凰高山茶区的采制技术，至今仍然采用精细手工制作，可将不同株系的自然香味特征充分展示。特别是沿用传统的做青、杀青、炭火烘焙工艺，经多次的热化工序，组成滋味成分的黄酮类物质、糖类物质和氨基酸等成分的比例协调，形成醇厚甘爽的风格。高山单丛茶品质所具有的共同特点是花香清高细腻、滋味浓醇爽口，持久耐泡，有山韵特征。

鲜爽甘甜是优质单丛茶的特征之一。茶叶中形成鲜、甜味的主要物质是氨基酸和可溶性糖。这些物质在不同树龄孕育形成和加工转化过程中形成的不同的组合比例，使其呈现香味的表现有别。树龄在香味表现方面的特征如下表所示：

树龄在香味表现方面的区别特征

香气表现	滋味甜感	甜度特征	单丛茶评定质量
幽香持久	蜂蜜甜	蜜味带甜花香	常在古树单丛中表现
浓香馥郁	冰糖甜	蜜甜似冰糖	常在老丛单丛中表现
香飘	蔗糖甜	蜜甜似蔗糖	常在新丛单丛中表现

季节性特征

对于其他地域或一年内多季节采制的成茶，我们应在茶汤滋味中重点体会其香气与滋味的组合是否发挥到了最佳，季节性特征是否扬长避短。

通常，春茶条索紧结，味道浓醇，回甘快而明显；秋季则是制作高香型凤凰单丛自然花香显露的最佳时节，因为具有鲜爽花香的沉香醇、苯乙醇、香叶醇等芳香物质在秋季含量较高。凤凰单丛冬茶产量稀少，其茶称"雪茶"或"冬片"，冬季制出的单丛，香气芬芳优雅，滋味悠远清甘。

春茶、秋茶、雪茶在香气、滋味表现方面的特征

采制季节	香气	滋味
春茶	花香清雅	醇厚鲜爽
秋茶	高香浓郁	浓厚
雪茶	芬芳高锐	悠远甘甜

地域特征

高山出好茶，凤凰单丛明显表现出了"生态优质茶"的特征，独具山韵、丛韵风格。立地自然环境的不同，体现出的是山韵，山韵是高山茶品质好的表现；丛韵多在古茶树或老丛茶树的品质中体现，一丛一韵是凤凰单丛高品质的风味特征。品茗者常讨论凤凰单丛的"韵"如何体味，其实，各茶表现不一，各人体会不同。我们对"韵味"的理解是，茶香入味、味中含香的糅合更为细腻，味浓甘爽清幽，香悠细长。在品尝茶汤时，丰韵的香味在口腔内饱满厚实，醇爽甘甜。

"乌岽单丛"已成为消费者认可高山单丛的专用名词。这类凤凰高山单丛茶常因品质胜出，每年被茶商高价订购。同一茶树品种，高山茶、中山茶与低山茶各具地域特征。

凤凰单丛茶不同地域的品质差异如下表所示。

凤凰单丛茶不同地域的品质差异

地域	外形	香气	滋味	汤色	叶底
高山茶区	条索紧结，润	细锐持久	浓郁爽口，回甘力强，山韵或丛韵明显	橙黄或金黄明亮，耐冲泡，多次冲泡汤色不变	如丝绸般柔软，明亮，红镶边
中山茶区	条索粗壮紧，尚润	浓、高喷发	尚浓，有回甘，爽口，有山韵	橙黄或金黄明亮，尚耐冲泡	尚软，明亮带红边
低山茶区	条索粗壮，尚紧结，欠润	有花果香，欠持久	尚爽口，欠浓、甘	橙黄明亮，退变快	欠软，尚明亮

特别要指出的是，凤凰茶区所处海拔位置较高，茶区高处海拔超过 1 000 米，即使低处海拔也超过 400 米。前文描述中所讲的高山、中山、低山，是在凤凰茶区之中相对而言的概念。凤凰单丛品质优异，再一次印证了"高山出好茶"的民谚。

四　树龄特征要点

凤凰茶农们通常以茶树生长年龄称谓新丛、老丛、古树。

✐ 新丛。以 25 年树龄为界，树龄 25 年以下者称"新丛"或成年茶树。

✐ 老丛。超过 50 年树龄的茶树称"老丛"。

✐ 古树。超过 100 年树龄的茶树称"古树"。

因茶树积累的物质基础差异，古树、老丛、新丛的品质表现不同。

五　品质标准

凤凰单丛茶的品质共性是以花香为特色，其品质特征为：

✐ 外形。条索紧结较直，色泽黄褐或乌褐，油润。

✐ 汤色。汤色金黄或橙黄，清澈明亮。

✐ 香气。有独特的天然花香。

✐ 口感。滋味浓醇甘爽，具特殊山韵或丛韵，且耐冲泡。

✐ 叶底。叶底柔软，淡黄或绿黄，红边明亮。

◉ 单丛干茶、茶汤和茶底

六　凤凰单丛选购与简易存贮

选购方法

1.以香选茶

凤凰单丛名目众多，有以香型命名的，有以树型或产地事件等命名的，常令消费者目不暇接，无法定夺。其实，了解单丛的香与味，选择自己喜欢的，是最简单、实用的选购方法。

凤凰单丛以花香著称，香型可归为花香型、花蜜香型、兰花香型三大类。

喜欢清雅花香的可选兰花香型，如八仙、芝兰香、玉兰香等；喜欢浓郁花香的可选花香型，如黄枝香、姜花香、肉桂香等；喜欢花香似蜜的可选花蜜香型，如宋种、蜜兰香、白叶单丛等。

凤凰单丛香型众多，口感丰富，爱茶人可持包容开放的心态，广泛尝试各品类单丛，从而体会不同品类单丛茶所带来的饮茶快乐。

2. 察颜观体

凤凰单丛属于乌龙茶。优质单丛茶体形长条紧直，有油润光泽；劣质单丛茶外形粗松，无光泽。

与此同时，茶叶的匀净程度也是选购因素之一。消费者要看其外形是否整齐匀净，有无茶梗、杂物；非茶类夹杂物（如树叶、杂草、沙石等）不允许混在茶叶里。

3. 观汤品味

优质凤凰单丛冲泡后茶汤颜色以金黄或橙黄、清澈明亮为好；如茶汤混浊发暗，为次。

单丛茶的滋味，季节性特征和地域特征明显。喜品细腻醇爽的可选高山老丛单丛，喜品滋味醇厚的可选春季单丛，喜品芬芳高锐的可选秋、冬季单丛。

若茶汤味道发闷，欠缺鲜爽，抑或是苦涩明显，持久不散，则皆不是优质单丛茶。

简易贮存法

茶叶具有吸潮、吸味的特性，在潮湿、高温、光照的环境下，易香味散失，颜色发暗，品质受损。

凤凰单丛精制后的水分为 3.5%～4.5%，不超过 5%，不需冷藏保管。在流通环节，商家或家庭贮存时要考虑防潮、防光、防碎、防异味四要素。

1. 原箱大包装

出口产品或批发散装产品，在出厂时采用五层瓦楞纸箱，内衬塑料袋，可防潮、防光、防碎、防异味。

2. 特色小包装

"枕头包"单丛用双层纸或单层厚纸内加内塑袋包装，并存放于纸箱或铁筒内，可防潮、避光。家庭品饮或办公室饮用时，打开"枕头包"取茶后，需随即将包内茶叶存放于罐内保存。应避免长时间将茶叶暴露于空气中受潮、吸味，要减少光线和高温对茶叶的影响。

● 特色枕头包

● 早期锡罐包装

3. 铝塑袋包装

单丛茶是长条形茶，不适宜抽真空，以免折断条形，导致碎茶，不但影响茶的外观，且造成滋味刺激性强，汤色加深，降低品质。铝塑袋包装可防潮、避光，适宜包装商务或家庭茶，可选用多种规格的铝塑袋装。

● 铁罐老包装

4. 铁罐包装

铁罐内置铝塑袋，可保持单丛茶条索完整，密封性能和严实度好，满足防潮、防光、防碎的存贮条件，适宜包装礼品茶，美观、耐存贮。

● 铁罐包装

第六章 · 凤凰单丛日常冲泡与品饮

一　凤凰单丛的冲泡方式

盖碗泡法

　　要想呈现出凤凰单丛丰富且高锐的香气，通常会选用瓷质的盖碗为泡茶器。盖碗为基础泡茶器，也几乎是爱茶人的标准配备。换句话讲，掌握了盖碗冲泡法，人人皆可泡出一杯理想的凤凰单丛。沸水注入盖杯，带有茶香的蒸气四溢。快速出水，茶汤香气明朗，口感爽利，显现出凤凰单丛的独特魅力。

　　具体操作如下：

● 盖碗备茶

1.备茶

　　以投茶量与注水量1：30的比例备茶，亦可根据自己的口味适当增减。

2. 赏茶

泡茶之前，先将凤凰单丛干茶置于茶则中。泡茶人与饮茶人一起欣赏干茶条索，并判断其工艺特征。

● 赏茶

3. 温杯

先以100℃沸水注入空置的盖碗，等候20秒后将盖碗中的水倒入公杯或茶海。通过此项操作，让盖碗的温度提升到60℃以上。

● 温杯

4. 闻香

泡茶人用茶匙将茶则中的凤凰单丛干茶拨入温热的盖碗之中。合上碗盖后轻摇数次，随后打开碗盖请在座宾客闻香。

● 闻香

5. 开汤

泡茶人执壶，从8点钟方向沿盖碗杯壁缓慢注水。可根据个人口味，静待20～25秒后出汤，将茶倒入茶海中，再分入各品茗杯内。

● 开汤

● 品茶

6. 品茶

泡茶人应自己品味开汤后的第一杯茶汤，从而准确判断此茶的工艺特征以及冲泡效果，对之后的泡茶工作进行有针对性的调整。

7. 再冲

从第二冲开始，静待15秒后即可出汤。单丛茶极耐冲泡，一般可冲泡15道以上。泡茶人可根据实际情况灵活调整手法，从而得到理想的茶汤。

特别说明

盖碗是极易取得的茶器，其深广的容积也适合凤凰单丛茶的条索舒展。因此，若想细品凤凰单丛的魅力，盖碗泡法是不错的选择。

泡茶是极为灵活的事情，具体每一冲的出汤时间可根据个人的口味进行微调。如第一冲浸泡20秒后出汤，获得的单丛茶汤口感轻柔；若是第一冲浸泡25秒后出汤，单丛茶汤饱满厚实，更富力道。

☙ 小壶品茶

小壶泡法

比起盖碗，茶壶的密闭性和保温性能更好，因此泡出的茶汤风格也更为饱满浓郁。此处所讲的茶壶泡法，使用的是容积为 150 毫升左右的小壶。茶壶的材质不限，既可以是潮汕地区流行的泥壶，也可以是紫砂壶或高温烧制的瓷壶。

不同材质的壶，泡出的凤凰单丛茶汤风格迥异；同一款茶，用不同的茶器，亦可呈现出天差地别的茶汤。这一点也正是饮茶的乐趣所在。

具体操作如下：

1. 备茶

以投茶量与注水量 1：30 的比例备茶，亦可根据自己的口味适当增减。

☙ 小壶备茶

●小壶赏茶

●小壶温茶

●小壶闻香

●小壶开汤

2. 赏茶

泡茶之前，先将凤凰单丛干茶置于茶则中。泡茶人与饮茶人一起，欣赏干茶条索，并判断其工艺特征。

3. 温壶

先以 100℃ 沸水注入空置的茶壶中，盖上壶盖等候 20 秒后，将茶壶中的水倒入公杯或茶海。通过此项操作，让茶壶的温度提升到 60℃ 以上。

4. 闻香

泡茶人用茶匙将茶则中的凤凰单丛干茶拨入温热的茶壶之中。合上壶盖后，执壶轻轻震荡数次，随后打开壶盖请在座宾客闻香。

5. 开汤

泡茶人左手执壶，从 8 点钟方向沿壶内壁缓慢注水。静待 30 秒后出汤，将茶倒入茶海中，再分入各品茗杯内。

6. 品茶

泡茶人应自己品味开汤后的第一杯茶汤，从而准确判断此茶的工艺特征以及冲泡效果，对之后的泡茶工作进行有针对性的调整。

7. 再冲

从第二冲开始，静待15秒后即可出汤。单丛茶极耐冲泡，一般可冲泡15道以上。泡茶人可根据实际情况灵活调整手法，从而得到理想的茶汤。

商务泡法

盖碗泡法或小壶泡法虽好，但都不足以满足多人同时饮茶的需求。因此，在商务接待或酒楼宴席中，推荐选用大壶泡法（茶器容积大于300毫升）冲泡凤凰单丛茶。

具体操作如下：

1. 备茶

以1：50的比例准备好凤凰单丛茶，以备使用。

◎ 商务备茶

2. 第一冲

先冲入半壶100℃沸水，加盖浸泡2分钟。随后再注入半壶温度稍低的热水，再次浸泡1分钟。

◎ 商务第一冲

● 商务第一次注水

● 商务第二次注水

3. 分茶

总体浸泡 3 分钟后，便可以出汤分给客人。出汤前，泡茶人要轻轻摇动茶壶几次，以使壶内茶汤均匀。

4. 第二冲

将整壶注满 100℃ 沸水，浸泡 4 分钟后即可达到适宜浓度。

5. 再次分茶

可参看步骤 3 "分茶" 操作。

6. 第三冲

将整壶注满 100℃ 沸水，浸泡 5 分钟后即可达到适宜浓度。随后若还想饮用，可继续加入 100℃ 沸水后长时间闷泡一次。

特别说明

为保证茶汤及香气饱满度，此方法只适宜冲泡 3～4 次。若想饮用多次，则不适宜使用这种大壶冲泡法，应改用盖碗泡法或小壶泡法。

☕ 差旅途中的简易冷泡法

冷泡法

单丛茶香高水甜，内含物质极为丰富。因此，其冲泡的手法也可以多种多样，既可以热冲，也可以冷泡。

凤凰单丛茶传统的冲泡方式，是在高温环境下，用短时间浸泡的手法获取一杯茶汤。这类方法也称"强萃取法"。

冷泡法，即在低温环境下，以长时间浸泡的手法获得茶汤。故冷泡法也称"弱萃取法"。由于冷泡茶汤是低温萃取的，所以茶汤中的儿茶素与咖啡碱等物质相较于热泡茶会低许多。也正因如此，冷泡单丛茶的口感几乎不苦涩，饮用后，也不用担心影响睡眠。

也正因为较热泡茶苦涩度低，味蕾也更容易接受到氨基酸所带来的鲜爽。一杯冷泡单丛入口，芬芳四溢的花果香伴随着丝丝的鲜甜口感，不禁让人陶醉。冷泡单丛茶，绝对可称为消暑降燥的佳品。

具体操作如下：

容量：500毫升。

投茶量：2克。

条件：可放入冰箱冷藏区，以保证低温浸泡。

浸泡时间：1 ~ 2个小时。

口感：甘洌爽口。

除此之外，若是没有冷藏的条件也无妨。在差旅条件下，可直接将单丛茶放入常温水中，通过长时间浸泡萃取出可口的茶汤。

具体操作如下：

容量：500毫升。

投茶量：2克。

条件：常温浸泡。

浸泡时间：1 ~ 2个小时。

口感：清香甘甜。

特别说明

冷泡法最适宜在家庭或办公室环境下操作。若是在旅行或出差途中没有低温浸泡条件，则可直接将2克左右的单丛茶放入矿泉水瓶中，上下轻摇数次使茶水相融。浸泡2个小时之后，便可直接饮用。

轻松泡法

正所谓"工欲善其事必先利其器"，泡茶器绝对会影响茶汤的表现。如何能在不使用专业泡茶器的条件下泡出一杯美味的茶汤，已成为现代爱茶人必须面对

● 轻松备茶

● 轻松泡茶

的课题。

其实，即使不使用专业泡茶器，我们仍可享受到一杯单丛茶所带来的愉悦。下面就以最常用的泡茶器——马克杯为例，向大家介绍凤凰单丛的轻松泡法。

具体操作如下：

容积：300毫升（一般马克杯大小）。

投茶量：2克。

水温：100℃。

浸泡时间：4～5分钟。

手法：不必茶水分离。

特别说明

只要严格控制好茶水比例，就不用担心茶叶持续浸泡后会带来苦涩感，因为马克杯内的茶汤温度会持续降低，以抵消对茶的过度萃取；与此同时，甘甜物质仍可持续释放，而苦涩物质由于水温的降低则无法持续析出。依据以上方式来冲泡单丛，我们就可以喝到苦涩适中、味体饱满又充满香甜之韵的单丛茶了。

二　冲泡品饮中的常见问题

冲泡凤凰单丛，需要洗茶吗

凤凰单丛茶制作工艺具有严格的卫生要求，因此，从正规渠道购买的凤凰单丛，不必担心其卫生问题。如果为了"干净"而洗茶，那就大可不必了。

与此同时，单丛冲泡时也可以将第一冲茶汤放弃，这又是为什么呢？原来，凤凰单丛茶极耐冲泡，若冲泡得当，可以达到15泡以上。茶中内含物质析出的速度不一样，第一泡茶汤咖啡碱析出最多，加之单丛茶滋味浓强，若是担心喝茶睡不着觉，那第一泡茶可以快速出汤，选择不喝。

简言之，单丛茶不脏，不必洗茶。第一冲可视为温润泡，不是在洗茶，而是通过高温激发茶叶的活性，以泡出合适的茶汤。

冲泡凤凰单丛，应该如何挑选茶器

冲泡凤凰单丛茶，盖碗或茶壶皆可，只需注意，茶器宜小不宜大。原则上，盖碗泡法或小壶泡法的茶器容积不要超过150毫升；若是采取大壶泡法，那就另当别论了。

除了泡茶器，品茶器的选择也很重要。在品茗杯的选择上，最好选用高温瓷质的茶杯，而非紫砂或是其他陶制茶杯。品茶器厚薄不同，呈现出的风格也不一样；小杯子聚香，大杯子显韵。品茶器无论大小，不管厚薄，品茶前均要温热。

冲泡凤凰单丛，手法有什么需要特别注意之处

冲泡凤凰单丛，请尽量做到"高冲低斟"。所谓"高冲"，其目的是使水温略降，这样泡出的茶汤更为细腻、柔和。至于"低斟"，是为了能在倒茶时使香气聚拢。

除此之外，还有一点需特别注意。水注满之后，茶汤滋味会出现分层的情况，最上面一层茶汤滋味较底部茶汤稀薄。因此，出汤之前，应先略倾斜泡茶器，放弃稀薄的上层茶汤，以保证茶汤饱满。

凤凰单丛的茶香，应该如何欣赏

凤凰单丛茶香型丰富，不闻实在太可惜；对于凤凰单丛茶的欣赏，是香气与口味的双重享受。凤凰单丛茶闻香时，要掌握三个关键词：明显、单纯、持久。

首先是明显，优质凤凰单丛茶香气显著，不会似有似无。其次是单纯，指凤凰单丛具有天然的品种香，若是在茶中嗅到人工香精的味道或是其余杂味，都不是理想状态。最后是持久，指凤凰单丛香气优雅绵长。

凤凰单丛的口感，应该如何欣赏

品味凤凰单丛茶汤时，需记住两个关键词：爽口、生津。

爽口的原因有很多，主要是由于富含氨基酸，可光有氨基酸还不够，还得有茶多酚和咖啡碱。茶汤啜进嘴里，若是糊在口腔，表明茶不爽口。

爽口之后，还得生津。当口腔内有茶时，应有爽口之感；当口腔内无茶时，要有生津之感。

凤凰单丛的品饮，需按哪些步骤进行

凤凰单丛的品饮，需格外注意四个关键部位：舌尖、两颊、喉头与鼻腔。

入口之后，香甜之感会先在口舌部分存留。但仅停留在口舌还不够，还需兵分两路从口舌往两腮走。接着再到牙缝，品茶人可体会那种香气四溢之感。随后，香气还会继续往喉咙走，即平时所讲的产生"喉韵"。这时请再试着吸一口气，会感受到香气从鼻子出来。

单丛，宜细泡。单丛，宜细品。

第七章 · 凤凰单丛文化综述

榄炭煮水

　　凤凰名茶文化源远流长，底蕴深厚，是岭南传统文化的重要一脉。它的载体——凤凰单丛、潮汕工夫茶，积聚精神与物质的丰韵美，是中华茶文化的杰出典范，在海内外享有盛誉。

　　凤凰人、潮汕人、客家人均以出产、品饮、享用单丛茶为荣耀。"此处有家乡风月，举杯是故土人情"，无论是祖国的南岭北疆或是世界各地，无论是深居大山的茶农还是旅居海外的潮汕侨胞，都不忘带上、邮上、沏上家乡的凤凰单丛茶。凤凰名茶文化融积了一代代凤凰人的爱国主义精神，他们敢为人先、务实进取、敬业奉献的思想和行动，激发着凤凰儿女爱国、爱乡的热情。在千古传奇的凤凰山上，凤凰优质资源宝库在增辉闪光，新一代茶人奋发开拓，接力传承夯实凤凰茶业根基，续写着凤凰名茶文化新篇章。

一　凤凰单丛与潮茶文化

城茶与闲间

　　饮早茶、午茶、夜茶，是广府文化的一大特色。广东茶楼饭店一日三道茶市、饭市叠连不断，而潮汕大地茶风更盛，处处洋溢着品饮工夫茶的人文景观。广东省人均茶叶消费量排全国之首，潮汕地区人均消费茶叶量更是位居广东各城市之首，凤凰单丛茶一直有稳定的销量。

　　在潮州有"城茶""闲间"之说。何谓"城茶"？何谓"闲间"？《广

📷 广东茶楼

东茶道》记述："城茶这个说法，至少在经历过民国的人们当中，应该是一种流行的说法。"❶

　　历史上，宋代潮州府辖地的饶平县凤凰山区已产茶。凤凰茶区距离潮州城府遥远，凤凰山茶叶稀少，被朝廷官吏视为珍品收入城内。潮州府每年必须进贡朝廷凤凰芽茶和叶茶。稀缺珍贵的凤凰乌岽高山茶叶被城内商家精制加工后贩卖交易，"城茶"雏形由此萌生。自清代起，潮汕地区喝茶之风愈加盛行，潮州城内已有多家茶行商铺，对来自凤凰山区和福建武夷山等产区的乌龙茶进行分筛、拼配、烘焙加工，划分出不同的等级和品类，供应给朝廷、官吏、民众百姓等。城墙之外，有挑担行街走巷叫卖"城茶"的，他们从城内茶行以批发价买入茶叶，以零售价卖给城外百姓。

---

❶　江锐散，2015.地道广东丛书　广东茶道【M】.广州：花城出版社.

"城茶"是潮州茶在特定时期与区域的叫法，是潮州城内茶行、作坊将初制毛茶自行再加工后的成品茶，是居住在城墙之外的人家对于城内经营的茶叶的总称。

城茶，也曾经是潮州工夫茶的雅称。据潮州地方文献记载，"工夫茶"一词出现于清代中后期嘉庆年间。当时从汕头通往潮州的韩江上，运输工具是一种木篷船，乘船行程中，船家在船里头泡茶，达官贵人、文人学士喝着工夫茶，听疍家（船家）女唱疍歌。喝工夫茶是当地的民风民俗，讲究冲泡工具和操作技艺，是一种待客礼仪。

今天，潮汕工夫茶艺已提炼升华为中华茶文化的代表，体现了中华民族的传统美德，是潮汕文化的历史结晶。作为国家级非物质文化遗产项目的"潮州工夫茶艺"，保留着唐宋遗风，被称为中国古代茶文化的"活化石"。

"闲间"是潮汕地区百姓闲时坐在一起喝茶聊天的场所，没有固定的形式，也不讲究排场，不收取进场费，分布于农村或城市之中。相对于现在的茶室或茶馆，过去的闲间更能体现随意、亲民、真诚。人们在喝茶时交流信息、自娱自乐、传递友善。闲间的主人通常是热心助人并受众人敬重、信服的人。人们喜欢去闲间，不仅因为在那里可以"噌茶""呷茶"、交流信息，闲间喝茶更似一种精神寄托，是闲时不可或缺的"必修课"。

潮州城年逾九旬的邢锡铭尊老说："闲间总是与潮州工夫茶紧密联系在一起。没有工夫茶，闲间很难存在；没有闲间，工夫茶在民间的意义就黯然失色。"潮汕地区茶叶消费居广东之首，闲间的用茶量是最"牛"的，冲泡用的茶叶，有的是主人提供的，有的是来者捎带的。闲间也常常成为民间"斗茶"、赛茶的场所。

走进潮汕地区，随处可感受到浓厚的茶风，从乡村到城市，从百姓起居到公众场所，从5岁孩童到高寿老人，人人擅饮工夫茶。品饮工夫茶演绎出一道道极具地方特色的和谐美景。许多异地游者或商人进入潮汕地区后，常被隔三岔五围坐一起品工夫茶的人文景观所吸引，驻足者很自然地受茶香情浓的氛围感染，品啜一口浓郁的工夫茶，味沁喉舌半天爽。每天早晚，人们汇聚一起健身、饮茶，他们自带茶叶、茶具和健身用的放录机，还携上小桌椅，泡工夫茶用的"茶盅具"皆备齐全。 在汕头市的海滨长廊或公园旁，在潮州市的滨江长廊上，红绸扇舞、太极挥剑、唠唠家常，外地客人到此休闲散步者，可随意融入，席地而座，加入泡茶饮茶之列。 每每这时，人们忘记了年龄、忘记了身份，不分彼此，以茶聚友、以茶敬客、以茶养身。 类似这种品茶一隅，在潮汕人集居的地方是习以为常的生活习性。 人们从早到晚，不分时段，不究场所，只要客人入座，必是泡茶不停、品茶不断。 这一有益身心健康的文化特色，体现了潮汕人开放、开朗、开拓、宽容、从容、包容的人文精神。

潮汕人无论离乡多远，总是保存着讲家乡话、喝工夫茶的习俗。 在浓茶细语之中，乡茗、乡音、乡情是那样的舒心、亲切、熟悉，每日不可遗缺。 潮汕地方民间文学将品饮工夫茶的精髓概括为"和、爱、精、洁、思"五个字。 潮汕工夫茶道营造出和谐、洁净的舒适气氛，表现出以茶敬客、充满爱心的诚意；精美的茶具和精心的冲泡工夫展示出从容不迫、高雅大气的美德；品茗者得浓茶启智益思，身心愉悦，恬静自在。 难怪人们常说，潮汕人很团结，潮汕女人特贤惠，这或许有功于承传、陶冶工夫茶"和"的真谛。

潮州工夫茶艺

凤凰茶品质优异，为广东茶区之首。 潮州冲泡茶的技艺，也尤为可圈可点。

潮州工夫茶艺是流传于广东省潮汕地区的一种茶叶冲泡技艺。 其冲泡程式包括治器、备茶、候汤、热罐、淋杯、置茶、冲点、洗茶、高冲、刮沫、淋壶、洗杯、洒茶、敬茶和品茶。 潮州工夫茶艺是融精神、礼仪、沏泡技艺、巡茶艺术、评品质量为一体的完整的茶文化形态。

至清代中期，潮州工夫茶艺已蔚然成风，并流传到东南亚各地。 潮

◯ 潮汕工夫茶

州工夫茶的冲泡有一定的程式，主要由茶具讲示、茶师净手、泥炉生火、砂铫（煮水器具）掏水、榄炭煮水、开水热罐、再温茶盅、茗倾素纸、壶纳乌龙、甘泉洗茶、提铫高冲、壶盖刮沫、淋盖追热、烫杯滚杯、低洒茶汤、关公巡城、韩信点兵、敬请品味、先闻茶香、和气细啜、三嗅杯底、瑞气圆融等多个环节组成。

除了冲泡独特，潮州工夫茶艺的另一突出特点就是以乌龙茶为主要茶品，这一点与凤凰茶区盛产优质单丛有着密不可分的联系。也可以讲，凤凰单丛茶与潮州工夫茶文化有着相辅相成的关系。

潮州工夫茶艺是潮州传统文化的重要组成部分，具有民俗学、潮学、社会生活史等方面的研究价值。

茶风的盛行，不仅在经济层面促进了茶叶的种植和加工产业的发展，而且在艺术层面上也提升了潮汕人的生活品位——讲究方式精致、物料精绝、礼仪周全等，对一个地区整体文化素质的提升大有裨益。

潮州工夫茶艺于 2008 年入选第二批国家非物质文化遗产项目，使古老的潮州饮茶文化得以更好的保存与发扬。2015 年，由叶汉钟等起草的《潮州工夫茶冲泡技术规程》标准正式发布，该规程明确规定了潮州工夫茶艺二十一程式。2017 年，《中国（潮州）工夫茶艺师》教材编写完成，为更好地传承潮州工夫茶艺起到了推动作用。

今天，潮汕人在谈及潮汕文化的代表时，都自豪地将工夫茶与凤凰单丛茶并提，将它们作为潮汕人走向世界的一张名片。

凤凰饮茶文化

作为历史悠久的茶区，凤凰家家都有工夫茶具。人们在孩童时期就开始耳濡目染，熏陶在泡茶喝茶的氛围里。在乡村的闲间里，人们将品茶和泡茶的技艺紧紧融合在一起，以技为主，以艺辅技，自娱自乐，其乐融融。每天三餐之后，不论是晴天或雨天，只要有空暇就走进闲间，或者独自在家里泡起茶来。每当茶叶采制完毕，制茶能手挑选出一些自己得意的新品，三五成群到闲间来比试，在品尝新茗中，相互点评，总结、交流制茶经验，商榷市场行情价格。这一闲间聚会，发扬了工夫茶的风格，也拓展了工夫茶的内容。

每当有客人来访，主人一定会取出自产最优的凤凰单丛茶，与客人一起瓯杯品啜，分享极品佳茗。客人们品茶后常有此体会："在乌岽山上喝一口凤凰单丛茶，返回潮州仙子桥还回味无穷。"❶ 工夫茶冲泡程序繁多，但并不难学。其关键是在冲泡过程，对投茶数量和时间的掌握，以及程序之间的恰当配合。冲泡者需经千锤百炼，方能冲泡出一杯好茶。

凤凰茶区各家各户都备有装茶叶的茶米桶（也称茶米罐，即雕花刻字的锡罐）、风炉、木炭、扇子、沙锅仔（即砂铫，或小铜锅）、水罐（或陶、瓷水瓶）、茶船（又名茶洗、茶池）、瓷盖瓯（或冲罐，即陶质柿饼茶壶）、茶杯等泡茶器具。其中后三种，就是目前大众常用的潮汕工夫茶简易用具"茶盅具"。随着社会的进步，泡茶器具日趋现代化，既有时代美感，又简洁、适用性强，有助提升工夫茶的品饮艺术。

二　凤凰单丛的海外影响

凤凰茶叶侨销历史

1861 年，随着汕头埠正式开放为对外通商口岸，许多凤凰人乘坐"红头船"（古代航海的商船）漂洋过海到中南半岛、南洋群岛谋生。大批劳动者被当作"猪仔"，输送到海外当劳工。英国人、荷兰人在汕头设立的"德记行"和"元兴行"是买卖华工的洋行。仅 1876—1898 年，从汕头出国到东南亚和美洲各国的华工约 151 万人。19 世纪末，"猪仔"贸易因受到中国人的激烈反对而有所收敛，但国内时势民不聊生，大批潮汕人仍往海外谋生定居。1904—1935 年，由汕头出国者约 298 万人，归国

---

❶ 乌岽山至潮州仙子桥有39千米，车程约 1个小时。

者 146 万人。1931—1937 年，由汕头往泰国的华侨超过 17.6 万人。[1] 这些早期的潮汕"移民"带着凤凰单丛茶到国外开设茶店、茶庄、茶行，进而拉开了凤凰单丛茶香飘海外的历史序幕。

如凤凰镇松柏下村人黄票（1884—1914，谥巧赞）于清光绪三十年（1904）携带其胞弟（谥巧读）往暹罗曼谷开设泰记茶庄，销售家乡特产凤凰茶，由于价廉、货真、质量好、服务周到，生意兴隆。他是贩运凤凰茶到泰国市场销售的先驱之一，其敢闯精神为世人所赞颂。

清宣统二年（1910），凤凰田中村李芳柏、李芳园、李芳谷先后考上公费生赴日本留学，为李氏家族增添了光彩，也为在金塔（今柬埔寨金边市）李家的春茂茶行、溢春茶行、生茂茶店等打开销售茶叶的渠道并传送信息。翌年，春茂茶行的老板精选了 1 千克乌岽单丛茶，装进两个刻着美丽水仙花的锡罐，送往日本李芳柏处，后由其转交在美国旧金山的友人，参加巴拿马万国博览会比赛，并于民国四年（1915）二月二十日荣获银奖。值此，凤凰单丛茶奇香沁世传佳誉，芬芳漠漠，名声大震，为海外市场赏识厚爱。

以后，在中南半岛经营凤凰茶的人逐渐增多。至 1930 年，凤凰人在金塔商埠开设的茶铺就有 20 间之多，在暹罗（今泰国）有茶铺 10 多间，在越南也有茶铺 10 多间。凤凰侨民运用家乡种茶、制茶的经验，到越南开山辟地，开垦茶园、办茶厂，干得红红火火。1949 年，侨居越南西堤市的凤凰人以民记茶行、美成茶行为首，联合其他 14 家茶行，组成茶业公司——越南茶公司，收购法商洋行的茶园。为维护侨民的利益，他们联合起来，组织茶业公会，团结一心，互帮互助，打造出中国人—凤凰茶的海外天地。例如，松柏下村黄练（1912—1983，字丹成，谥严功）于 1931 年在越南槟椥开设振盛茶庄，经营有方，品种繁多，货真价实，服务周到，颇有名气。黄练本人因此被推举为槟椥市的侨领，一直至 1975 年，因越南排华，清理华人工商业而辞职，振盛茶庄也被迫停业。

据《潮州茶叶志》载："陈济棠割据广东的时候，由于当时凤凰茶叶大量出洋，茶商四起抢购，使茶价猛升，一般水仙茶每个光洋只能买一斤，单丛茶每斤可值

[1] 江锐敏. 2015. 地道广东丛书　广东茶道【M】. 广州：花城出版社.

5～6个光洋。当时，凤凰镇就有二十多家茶商进行收购装运出洋。直接转运出洋的有黄泰昌、陈协盛、李裕丰、珠记、述记、天生、美记、荣记等十四家。"凤凰单丛茶以高香味醇成为抢手货，供不应求，时时出现先交预购款的现象。

山后村的青竹丝单丛茶、大庵村的大心单丛茶、太子洞下石骨仔单丛茶，其春茶定价基本为 60 个银元／市斤；这些茶运销至越南、柬埔寨、泰国、新加坡等地后，竟成天价。《潮州茶叶志》又载："当时，最高年产量曾达到三千多担。由茶商装运出口的有六千多件，即等于二千四百担。其余则由小商贩内销于兴（宁）、梅（州）、潮（州）汕（头）一带。"据不完全统计，在越南、柬埔寨、泰国等地的凤凰茶铺就有 60 多家。1954—1975 年，每年运往柬埔寨、泰国的凤凰茶就有 10 万千克左右，数字十分可观。

凤凰单丛扬名四海

20 世纪 80 年代，随着凤凰茶叶品质的提高，以高香芳彩扬名世界，凤凰茶人以茶为荣，改写了自己的命运。日本、泰国、新加坡等地的凤凰茶叶销售量稳步提升。1995—2004 年凤凰茶叶出口记录如下表所示。

1995—2004年凤凰茶叶出口记录

单位：千克

年份	1995	1996	1997	1998	1999
出口量	119 000	140 000	144 000	158 500	183 400
年份	2000	2001	2002	2003	2004
出口量	214 000	197 500	199 500	189 000	194 000

本书主编黄瑞光先生于 1981 年任潮州茶叶进出口公司副经理，负责茶叶收购、加工、销售业务。20 世纪 80 年代初，通过边境贸易，成功将凤凰茶打入苏联市场；1987 年，他与泰国知名茶商联手，成功将凤凰茶打入泰国市场；1990 年，应日本"伊甸园"之邀，访问、考察日本茶业，洞悉乌龙茶在日本有发展商机，促成建立经

贸合作，成为中国乌龙茶对日本市场的重要供应商。

茶学泰斗张天福曾为凤凰茶区题字"凤凰单丛茶，清香满天涯"，这句话绝非对凤凰单丛的溢美之词，反而是凤凰单丛茶外销的真实写照。如今在美国、法国、加拿大、日本等30多个国家和地区，有潮人旅居之处，必有单丛蜜韵花香。凤凰单丛与潮州工夫茶是世代潮汕人生活与精神的一种依托。凤凰单丛为潮州工夫茶提供了极品好茶，潮州工夫茶艺又以茶事形式，诠释了凤凰人"会喝茶、喝好茶"的幸福生活。

凤凰单丛在中美茶文化交流史中亦占有重要一席：美国前总统尼克松曾赞誉凤凰单丛茶"比美国的花旗参还提神"；1998年，美中茶行董事长、美国洛杉矶潮州会馆会长翁宗大先生以茶传情，向总统克林顿赠送凤凰单丛茶……2015年5月，本书主编桂埔芳女士随广东省茶文化促进会赴美联谊交流团，赴华盛顿大学作题为《神奇的东方树叶》演讲。为此行程，桂埔芳女士精挑细选，以"最广东"之器——广彩茶具，将凤凰单丛的密码演绎给美国人民。

"春风啜茗，东方雅韵。"在华盛顿大学空中宴会厅里，茶香四溢，温馨弥漫，桂埔芳女士以精湛技艺，向美国友人展示凤凰单丛的芬芳异彩，沁心甘甜的美妙愉悦之感令宾客们赞誉不绝。海外学者动容地说："熟

● 1998年翁宗大先生向美国总统克林顿赠送凤凰单丛

悉的芳香甜润，犹如回到孩童时代。""祖国的味道，感觉依偎在母亲的身旁。"
外国贵宾惊讶地赞叹："凤凰单丛与广彩茶具似天仙绝配，东方神韵美轮美奂。"

中国茶人在祖国坚守耕耘的一片茶田，在世界舞台上美誉声扬。"祖国强大，茶非昔比"，凤凰茶见证、抒写着潮汕同胞过去、现在与未来的人文历史。

三　凤凰单丛的薪火相传

海外侨胞·心系凤凰

凤凰镇众多的海外侨胞，虽远隔千山万水，但皆心系家乡，其中，陈传治先生对家乡的贡献最为可圈可点。陈传治先生一生销茶、研茶、爱茶，晚年还热切关注茶区建设，可谓凤凰海外侨胞中之翘楚。

陈传治（1914—2008），凤凰东兴村人，他在《商海浮沉》一书中写道："据我父的遗记自述：自幼业儒，十九岁（1891年）奉父崇恪公命，弃儒往暹罗经商（茶叶），二十岁返国成婚，二十二岁赴越南代父经营美盛茶行，使父崇恪公得以归家养老。二十四岁往台湾、福建武夷山各地选购佳茗，运送暹罗、越南销售，获利甚丰。民国二年（1913）再往越南主理宽记茶行。"

1940年，越南西堤市宽记茶行青象商标的茶包不但热销越南，而且远销到柬埔寨金边市一带。宽记茶行在越南曾有红金字集团、茶厂以及砖窑、茶园，成为凤凰茶叶开辟海外市场的创业楷模。

陈传治先生本人于1950年4月赴越南协助家人管理宽记茶行，他以扎实的茶功、聪颖的头脑和非凡的胆识，在越南开拓凤凰茶市场。1959年，由陈传治先生发起，与王声士先生的祥兴茶行组织越南茶业股份有限公司，收购了法国人经营的8公顷"胶茶胶"茶园。

1972年，由陈传治先生再次发起，凤凰人组建的凤凰茶业种植有限公司收购了法国人在越南创办的高乐、海湖、罗乐三个茶园，面积有3 000多亩，并改名为"凤凰茶园"，其茶叶以质好价廉在当地享有美誉。1974年，陈传治先生被越南西堤市茶业界推选为越南茶业公会会长。

◉ 陈传治像

◉ 凤凰华侨中学

　　陈传治先生虽然远离家乡，侨居美国，但情系乡村，一贯热心家乡公益事业。为了培养凤凰的一代新人，成就凤凰的教育事业，促进凤凰名茶种植、管理、制作技术的提高，他一直在倾心参与家乡建设、出资出力。1980—1990年，陈传治先生号召世界各地的凤凰侨胞一起携手，共同参与，为家乡兴学育才。在陈传治先生的组织下，侨居泰国、法国、加拿大、澳大利亚等国家及地区的凤凰赤子共同参与集资，捐款50万美元，用于在凤凰镇兴建凤凰华侨中学，校舍占地面积1 000多米^2，校园内建有多座五层教学楼、一座四层的师生宿舍、一座校园大礼堂及球场、田径运动场所等多项设施。为纪念这所凝聚海外侨胞爱乡之情的学校，1989年，陈传治先生偕朋友登门拜访95岁高寿的书法家刘海粟大师，并请其为凤凰华侨中学书写牌匾。刘先生立即应允，在病床前挥毫泼墨题下墨宝。如陈传治先生之爱国诚心所愿，今天，凤凰华侨中学培育了一批批既有文化知识又有劳动技能的凤凰新人。

　　陈传治先生一生紧系茶情、乡情、中国情，好善乐施，众口皆碑。他常常打越洋长途电话给故乡，嘱咐乡人要大力发展名茶生产，大胆参与国内外的茶事活动，选送精品参加竞赛评比，提高凤凰茶的知名度。1997年11月，他捐资凤凰镇茶厂参加汕头市经济特区举行的中国（国际）名茶博览会展销，推出该厂生产的春季、秋季八仙单丛茶及秋季黄枝香单丛茶，特别是龙珠单丛茶、绣球单丛茶等。在参赛的 68 个选送茶样中，黄枝香单丛茶获得金杯奖，龙珠单丛茶获得一等奖，以创新工艺博得与会者赞赏。陈传治先生还捐资支持凤凰镇组织名优茶评比会，希望家乡的茶叶生产质量不断提高，希望凤凰子弟个个都是制茶能手，家家生产优质茶，以茶安民，以茶富乡。

在凤凰乡村及海外，有许多像陈传治先生这样关心、呵护家乡的热心人，他们将一生的精力奉献给凤凰茶事业。许多凤凰老人、茶叶前辈们满腔热心，在制茶季节，夜以继日、乐此不疲地往返于山区各个村落农舍，手把手地带领新人，帮助他们掌握采制工艺要领。前辈们的传统美德和良行风范，为新一代接班人树立了爱乡爱茶的榜样。

1988 年，陈传治先生荣任凤凰教育基金会会长；2008 年，陈传治与世长辞，享年 95 岁。他的一生以茶传情，润泽凤凰。

茶叶协会·服务茶农

1995 年 3 月，凤凰被命名为"中国乌龙茶（名茶）之乡"，这对凤凰人民是极大的鼓舞和鞭策。1996 年，经凤凰镇政府牵头，组织成立了潮安县凤凰茶叶专业协会，该协会以茶叶专业户为主体，由茶叶技术员、经营者共同组成，是在自愿、互利和平等协商的前提下，组织起来的一个自我管理、民主决策、自我服务的群众性组织。

凤凰茶叶专业协会有明确的章程，规范工作性质："协会的业务范围是搞好科研，传播科技知识，推广良种、种植和加工等新技术，发展生产，弘扬茶文化，搞好社会服务，发展经济，加快奔小康的步伐。"协会成为联结茶农的桥梁，会员不断扩大，1996 年创会时有会员 32 人，目前有会员 100 多人。协会自成立以来，工作成效显著，为加快凤凰茶业产业的发展发挥了积极的作用。

● 潮安凤凰茶叶专业协会

1. 传播茶叶科技，推进产业进步

⚙ 不定期编印内部刊物《情况交流》，传递、推介新技术。

⚙ 举办各种类型的技术培训班，2002 年举办两期较大型的凤凰镇跨世纪青年农民科技培训工程茶叶专业教学班。凤凰镇目前拥有高级评茶师约 30 名，这在全国各大乡镇级茶区是绝无仅有的。

⚙ 召开经验交流会，2004 年 8 月组织召开了凤凰镇茶业生产技术交流会，在茶区掀起制茶机（工）具改革的热潮。

2. 举办茶叶评比活动，推进产业创优增效

协会成立次年（1997 年），主动建议政府续办茶叶评比会，并推动评比会成为一

项常态化的重大茶事。这对提高茶农制茶技术、争创名茶意识、提升凤凰名茶知名度起到了推动作用。

组织职业技能培训，提高茶农从业素质。协会把组织茶农开展职业技能培训作为一项重要工作，整体提升凤凰茶乡从业人员的技能素质。会员中有 60 户创办了茶企、茶行，既有茶叶生产基地、茶叶加工厂，又有销售门店，形成产、供、销一条龙，集约化的茶产业链；有 3 家会员通过国家级茶叶无公害生产、AA 级绿色食品和有机茶生产认证，已成为名茶之乡的产业骨干。2008 年 10 月，凤凰茶叶专业协会被中国科学技术协会、财政部授予"全国科普惠民兴村先进单位"称号。

3. 开展外联交流，扩大协会影响

组织会员走出大山，学习外地先进技术。2004 年 12 月，组织会员代表 53 人赴福建安溪茶区参观，感受铁观音的品质特色和产业规模，并让外界了解协会。

组织会员参加国内外名茶评比和展销，提高凤凰单丛茶的知名度，增强会员自信心，推进名优茶事业健康发展。多年来，协会参加各级茶叶质量评比竞赛，荣获奖项上百个；先后接待过美国、加拿大、马来西亚、俄罗斯、日本等国家的茶商。凤凰茶叶已成为对外传播中华茶文化的纽带。

4. 热心慈善事业，爱心回报乡亲

协会以服务乡亲为宗旨，为加强知识产权保护，2006 年申请注册"凤凰"单丛集体商标；2007 年登记民间"手工技艺凤凰单丛制作工艺"，并列入潮安区非物质文化遗产目录。

黄柏梓先生于 1996 年被推选为协会秘书长。这个职务是没有任何报酬的，但能为全镇茶叶生产发展服务，是黄柏梓先生的理想，他在这个岗

位上一干就是十年。他立志要弘扬凤凰茶文化，服务名茶之乡；他刻苦钻研，团结茶农，为发展茶乡出谋献策；他满腔热血，务实求真，无怨无悔。

　　✍ 为组织每届凤凰茶叶评比，黄柏梓先生常常夜以继日，辛勤劳碌，他鼓励、组织茶农参加国内外茶叶展销和名茶评比活动。协会的努力得到国家和省内有关部门的肯定，凤凰镇茶叶协会成为 2003 年以来农业部开展的全国农民专业合作社 100个试点之一、广东省 6 个重点试点之一。

　　✍ 1996—1998 年，黄柏梓先生参加了潮安区农委和凤凰镇政府联合组织的"凤凰茶树资源调查课题组"，带领课题组成员攀高山、越峻岭，历经 18 个月，实地勘察了 5 120 株茶树，甄别了 123 株名丛，记录了名丛资源的历史渊源、立地环境、茶树特征等状况，建立档案。2000 年，他与杨带荣合作编写《潮州凤凰茶树资源志》，为后人留存了真实、宝贵的凤凰茶树资源依据。

　　✍ 黄柏梓先生执着于收集整理凤凰茶文化素材，潜心钻研，去粗求精，综合编纂，于 2003 年出版了《中国凤凰茶》。这是一部珍贵的凤凰名茶志，是凤凰茶乡首部全面系统的茶文化专著，是读者认识凤凰茶的重要参考资料。

知名教授·关心茶区

21 世纪以来，凤凰茶产业在科技助力下步入发展盛期，许多茶乡内外的茶者为

☛ 陈国本（右）与黄瑞光（左）合影

凤凰茶业倾注深情、奋斗终生，这其中不得不提到的是凤凰茶人的诤友良师——陈国本教授。

陈国本，广东普宁市人。1960 年毕业于湖南农学院茶学系，毕业后留校，在茶树栽培教研室任教，长期从事茶叶教学和科研工作。1983 年晋升为副教授；1988 年晋升为研究员，同年调任华南农业大学任茶学系主任，硕士生导师，茶叶学科带头人，直至 1995 年 9 月退休。1992 年享受国务院政府特殊津贴待遇；1993 年被授予"广东省南粤教书育人优秀教师奖"荣誉称号。

陈教授从湖南调任回到广东后，成为凤凰茶人的导师。他用知识与智慧，为凤凰茶业谋划发展蓝图、建言献策，贡献殊勋。他牵线华南农业大学、湖南农业大学、广东省农业科学院茶叶研究所、湖南省农业科学院茶叶研究所开展凤凰单丛茶类创新、香气遗传物质 DNA 定位检测研究。综合分析茶区的自然特点、种质资源的"种性"、社会农耕文化的特色，提出了凤凰单丛茶演化形成途径：凤凰水仙群体衍生"单丛"（有性植株），单丛又衍生了株系、品系和品种（无性系）。

陈教授退休后，对凤凰茶的牵系与关爱不曾间断。在凤凰茶叶评比会上，总能看见他熟悉的身影，全神贯注地给予技术指导，总结点评，分析明示。他待人真诚，深受茶农们的敬重和爱戴。

20 世纪 90 年代以来，凤凰茶业飞跃式发展，培养茶业技能人才已成常态化的工作，陈教授承担了凤凰茶叶职业技能培训授课任务。茶区的培训时间安排紧凑，常常会持续到晚上，他从不以高龄推诿，授课严谨细致。他说："我生肖属犬，生性忠诚，只要有人牵系，就会勇往直前"，"品茶也好，喝茶也罢，能在此过程中自觉或不自觉地养心智、品心性才是最难能可贵的。"为了培育凤凰茶业接班人，几十年间他在凤凰茶区倾情奉献，凤凰茶人说他是一位名副其实的"凤凰老茶农"。

制茶名家·无私传承

黄瑞光，1946 年出生于凤凰镇虎头乡杨梅格村茶叶世家，其父曾担任凤凰茶叶收购站专职评审员，父亲严格审评质量、严谨评定等级的务实求真精神给黄瑞光留下了深刻的印象。父辈的熏陶教诲让黄瑞光习茶爱茶。他分别两次被公社推荐到潮安县共产主义劳动大学和潮州市"五七"干校（枫洋农校）进行茶果专业学习（1964—1968 年）和进修培训（1970—1972 年）。

1974—1977 年，黄瑞光先生担任生产队队长，率先"田改茶"，将村前 0.3 亩水田改种良种单丛，这一小试牛刀的成功，成就了凤凰茶叶生产发展的新模式，开启了全镇"田改茶"的历史新篇。

20 世纪 80 年代末，他率先在凤溪宫后村茶农林树家的茶园，实验茶树嫁接技术，1992 年组织对该嫁接技术进行鉴定，获得了专家和茶农的一致认可。这一大胆实验成功，为 90 年代凤凰名丛嫁接技术的推广起到了引领示范作用。由此，凤凰镇全面铺开推广此技术的应用。

1978 年，黄瑞光先生调任凤凰茶叶收购站，主持收购审评工作；1981—1997 年任潮州市茶叶进出口公司副经理，主持收购、加工、销售管理。他严格质量标准，善观市场动态，20 世纪 80 年代初，通过边境贸易，成功将凤凰茶打入苏联市场；1987 年与泰国知名茶商联手，将凤凰茶打入泰国市场；1990 年应日本"伊藤园"之邀，促成经贸合作，成为中国乌龙茶对日本市场的重要供应商，荣载凤凰茶叶出口业绩的辉煌史册。

黄瑞光先生善于发现、善于总结。长期以来，他发现了许多优异单株，经多年考证、鉴定后，成为单丛新秀的有桂花香单丛、茉莉香单丛、迟熟芝兰香单丛、石鼓内单丛、兄弟仔单丛、田料埔黄枝香、大庵杨梅香单丛、赤凤红山黄枝香单丛等。他对新发现单丛的加工技艺进行总结，形成配套技术流程，为凤凰单丛优质资源的发掘、应用做出了重要贡献。

黄瑞光先生是凤凰一代代匠人中的杰出匠者，几十年踏遍了凤凰茶区的山峰洼地、晒场工坊、制茶焙房，刻苦研究茶树的品种、地域、季节等因素；他擅长"观颜察色，品味察体，闻香察丛"，审评时只要观看干茶色泽、一嗅一品，即可准确说出该茶生长的立地环境、地域特征以及加工工艺正确与否，仅从枝梗表皮的损伤程度，就能判断揉捻加压力度是否恰当……他高超的制茶技艺和过硬的审评技能令人钦佩，在国内外茶界皆享盛誉。

自1978年调任茶叶收购站后，黄瑞光先生把发展凤凰茶业作为己任，常年在凤凰山头、各村各户转，了解名丛长势。他一直负责凤凰单丛茶加工技术工艺培训，坚持传统工艺不能丢，悉心传授，指导生产，是茶农们爱戴与敬佩的知心朋友。

凤凰单丛茶适宜夜间制作，在采制季节，黄瑞光先生常常奔转于各个村户。茶农在制茶时，常因气候或品种等原因无法掌控制作工艺，每当此时，他都会不辞辛劳，连夜赶赴茶农家中，从傍晚到通宵，有求必应，亲临指导。

1997年，黄瑞光先生提前退休，退休后他全身心投入到茶区的发展事业中。他有一个几十年不曾改变的习惯：每年春茶开采时节，必定带儿子上山去。退休前他上山是为了了解生产，为了茶叶收购管理工作；退休后，他坚持不改初衷，更在于传技育人。人们已习惯在春茶采制期，聚在制茶作坊里听他熟悉的声音。黄瑞光先生就像闲间的主人，热心回答众人的各种问题，从专业理论上讲清楚，在技术操作上亲自示范，培育了一大批接班人，众人称誉他为"茶仙"。

● 黄瑞光先生传授制茶技艺

　　进入 21 世纪，黄瑞光先生意识到必须提升凤凰茶农的职业技能，助力凤凰产业化的进程。凭着他在茶农中的威信和号召力，他倡导成立了凤凰茶叶专业协会，并被聘为协会名誉会长。他参与每一届评比会的策划和组织，对评比结果做认真的点评，预测生产形势；给予评委们悉心指导，传授审评经验，为凤凰茶区培养了大批乡土型茶叶审评人才。

　　为了能够让凤凰茶农系统提升茶学理论知识，2005 年，经他引荐，中华全国供销合作总社杭州茶叶研究院技能鉴定中心在凤凰镇举办了首届职业技能资格认证培训班，首开茶区国家级培训认证之先河。茶农们不需长途跋涉，在山区一样可以享受到高水平、高规格的培训认证，这样的技能培训坚持至今。2005 年以来，黄瑞光先生被聘任为国家职业技能培训班老师，他把自己的知识和经验无私地传授给众人。2012 年，黄瑞光先生被授予潮州市非物质文化遗产"凤凰单丛制作工艺"传承人称号。

黄瑞光先生身上折射出的朴实无华的工匠精神，感染了周围的人，人们由衷钦佩这种工匠精神：于国，匠心之士为重器；于家，匠心之士为栋梁；于人，匠心之士为楷模。

黄瑞光先生以著书、影视、宣讲等形式，利用文化的影响力，使家乡名茶走出大山、走向世界，使凤凰茶文化薪火相传。20世纪80年代，在潮州申报"中国历史文化名城"拍摄的宣传片中，黄瑞光先生第一次把凤凰单丛的制作技艺淋漓尽致地演示给国人；90年代，潮州电视台拍摄了《茶山里人家》；21世纪初，全国多地电视台联动制作了《魅力潮州》等新闻片，在全国各地播放，通过对黄瑞光先生的专访、演示、宣传，快速提升了凤凰名茶和潮州历史名城的知名度。

1986年，黄瑞光先生发表了《凤凰单丛品质特征及简单加工工艺》；1987年，经过充实提炼的《凤凰单丛品质特征和加工工艺》被《中国历史名茶研究选编》（陈椽主编）收编；1996年，与华南农业大学丁俊之合作的《广东茶文化的发展根深叶茂》先后在《农业考古》（江西）、《福建茶叶》和《广东茶叶》等刊物上发表，还被翻译成英文在印度茶叶协会月刊《阿萨姆评论》（1996年第1期）上登载；2006年，主编的《凤凰单丛》由中国农业出版社出版，繁体字版于台湾地区出版发行。

黄瑞光先生精彩的茶人事迹被中国新闻社收编入《世界名人录》。2008年，黄瑞光先生被潮州市文化局聘任为潮州文化研究中心研究员和非物质文化遗产评审专家组专家。

茶史专家·推广单丛

穆祥桐先生是中国农业出版社有限公司编审、南京农业大学人文社会科学学院兼职教授、《中华大典·农业典》主编、《中华茶通典》编撰委员会副主任、中国农业历史学会常务理事、华侨茶业发展研究基金会顾问。

穆祥桐先生是一位学者型的茶叶专家，他研究茶史，珍爱名茶，组织整理、出版了大量的茶叶书籍。

穆祥桐先生以他对茶叶历史深厚的学识积淀、对凤凰茶史渊源的了解、对单丛茶品质的鉴赏厚爱、对凤凰单丛技艺的欣赏与传承，不遗余力地在学术界、茶学界、社团培训、媒体访谈等场合宣讲、传播凤凰单丛。由于他的推广介绍，国内外许多嗜茶者爱上了凤凰单丛，有许多慕名前来凤凰产区的、邮购的、经销的，产生了大批凤凰单丛的"新粉迷"。他不仅推荐国家相关部门同志到凤凰茶区实地视察，还亲率分布于北京、南京、四川等地的弟子集合于凤凰山上，实地体验凤凰单丛茶韵。

穆祥桐先生在与人介绍凤凰单丛时，曾写道：

☕ 穆祥桐介绍凤凰单丛

　　我是在 20 世纪 90 年代认识凤凰单丛的。第一次见到它，便被它诱人的香气所迷住，自此，开始了对凤凰单丛的了解、研究与宣传。特别是有幸认识了广东著名茶人桂埔芳女士后，凤凰单丛便成了我每年不可缺少的茶品。

　　最初，由于历史的原因，北方对单丛茶不甚了解，甚至茶叶经销者都不知道凤凰单丛是什么茶。有鉴于此，很久以前，广东著名的凤凰单丛生产者想来北京开拓市场，被我和王贵峰 ❶ 给劝了回去。考虑到此茶在我国乌龙茶中的特殊地位及不被人们所认识的现状，我便不遗余力地尽可能在周围进行宣传推广。

---

❶ 王贵峰，原北京茶叶总公司销售经理。

最初是在北京的多家茶馆，凡是请我去讲茶的地方，我都认真、仔细地向大家介绍这鲜为人知的茶品。特别是林文漪❶女士，听了我的介绍，在赴广东考察时，为了进一步了解凤凰单丛，还专门去广州芳村茶叶市场请桂埔芳经理介绍。

祖国的宝岛台湾是盛产乌龙茶的地方，台湾同胞不太了解凤凰单丛，在我应台湾茶人之约赴台访问时，特意带去了凤凰单丛与他们交流。他们也被凤凰单丛所倾倒。我参与策划、编辑的中国名茶丛书被台湾出版公司买断繁体字版权，在台湾出版发行时，《乌龙茶传说》（繁体字版书名）封面上特意写上："乌龙茶之极品——凤凰单丛"，"喝乌龙茶不知凤凰单丛，别说你喝过乌龙茶。"甚至腰封上还印着："跟 95% 的茶叶达人说声抱歉，其实你并不懂乌龙茶"，"喝乌龙茶，

---

❶　林文漪，曾任全国政协副主席、全国人大常委会副秘书长、台盟中央主席。

不能不懂凤凰单丛。"

　　2017年，在众弟子和朋友们的强烈要求下，我率他们到凤凰单丛产地考察，在著名茶人黄瑞光、桂埔芳、黄柏梓、吴伟新等人的陪伴下，我们不但亲眼拜识了著名的凤凰单丛珍贵品种——宋种、鸡笼刊等，还在非物质文化遗产"凤凰单丛制作工艺"传承人黄瑞光先生的指导下，亲自参与了凤凰单丛的生产加工。

　　穆祥桐先生虽不是凤凰人，但是他站在历史文化的高度，为凤凰单丛付出大量的时间和精力，为凤凰名茶文化传播多方奔走、鼎力推动。

四　凤凰单丛的趣闻传说

通天香与"一代天骄"

　　150多年前，在乌岽山仙草寅有一株奇貌不扬的不知名茶树，经过茶农精心培育，成长为凤凰单丛珍品——通天香。它生长在藏风得水的湖底坑沟边，有两人多高，树干斑斓，枝叶繁茂，树冠如伞，亭亭玉立，可谓"养在深闺人未知"。在它从无名之辈到名声大震的过程中，有着一段曲折坎坷的故事。

　　某年春日午时，天气骤变，乌云滚滚，电闪雷鸣，瞬间倾盆大雨来临。茶园里人声嘈嚷，大家忙于抢收采下的鲜叶。只见中心寅村的三姑娘，从茶树上跳下来，慌忙用棕蓑衣盖上茶篮，抱起来躲在树下避雨。风雨交加，茶篮边缘湿了，她脱下外衣，把茶篮裹住，并用身子挡住风雨，决心护好茶叶。片刻，茶香一阵阵从茶篮里冒出来。她意识到鲜叶出"水香"了，急忙抱着茶篮向家跑去。

　　到家后，三姑娘连忙将鲜叶铺开，进行"晾青"，并禀告久病在床的父亲。其父说道："制茶的诀窍是'日生香，火生色'。今天的青叶没有经过太阳晒，制不出香茶了。"但是，三姑娘细想，既然青叶出"水香"了，多

中国共产党中央办公厅秘书室用笺

文永集同志收

中央办公厅秘书室

文永集同志：

　　你送给毛主席的[单丛名茶]两斤已由中国茶叶公司广东省公司转来了，谢谢你的盛意。

　　因中央已有不受群众礼物的规定，故希望以后不要再送礼了。

　　此覆，并致

　　敬礼。

中共中央办公厅秘书室

一九五五年十二月廿八日

一封特殊的回信

弄几遍就会红镶边、绿叶腹、吐花香、去涩水，制起来就会成香茶了。于是，她精工细作，细心烘焙，制成了条索紧直，色泽油润，具有天然的黄枝花香、味道甘醇的单丛茶。众人闻讯接踵而来，品尝之后确认此茶品质上乘，具有"形、色、香、味"四绝的特点。众人竞相购买，并赞赏"三姑娘用棕蓑挟出单丛茶，卖得好价钱"。消息传开后，乌崬山内外的茶农们异口同声称赞三姑娘手艺高超，能在恶劣天气下，用棕蓑挟出色、香、味俱佳的单丛茶。从此，人们给这株茶树起名为"棕蓑挟"。

　　翌年春茶季，三姑娘的父亲因焙炉起火，延烧草屋而被活活烧死，财产也被烧光。三姑娘为了葬父，只得向凤凰圩的财主借贷。受财主狠毒的高利贷剥削，至第二年，三姑娘无法还债，财主竟把"棕蓑挟"和所有的茶畲都抢去了。三姑娘被迫流落他乡……

　　1952年7月，草地厝（今楚地厝）村老贫农文永集（又名永权）分得山林和茶畲，其中就有仙草寅的"棕蓑挟"。经过精细管理，"棕蓑挟"焕发生机，产量和品质逐年提升。1955年春季，适逢天气好，文永集在互助组的帮助下，制作出的"棕蓑挟"山韵蜜味浓郁。这香气从浪青间、焙茶间升腾起来飘至空中，因此，茶农们为其取名"通天香"。文永集感慨地说："饮水思源，俺翻身不忘共产党、毛主席。我要感谢恩人毛主席。"他精工选拣了1千克通天香单丛茶，寄至中南海。不久，文永集收到毛主席委托国务院寄发的回信，信中写道："你送给毛主席自制的'单丛名茶'两斤，已由中国茶叶公司广东省公司转来了，谢谢你的盛意。"他手捧北京来信，面对乌岽山，激动得热泪盈眶，情不自禁地连续高喊："通天香，单丛茶，毛主席，乌岽人民热爱您！"激情溢语似雷霆万钧般在凤凰山谷中奔鸣回荡。

凤凰名茶走出深闺，献给领袖毛主席品尝，是多么喜庆的大事，令人欢欣鼓舞！从此，茶农们把"通天香"的名字改为"一代天骄"，也有人尊称它为"主席茶"。近年，那68株"棕蓑挟"的后代以其母株当年的风采，屡创佳绩。当众人走进焙茶间时，就能闻到一股沁人肺腑的芬芳和蜜味，味、香俱佳，令人赞叹不已。

"八仙过海"的由来

在乌岽山下，有个居住着黄姓5户共28人的垭后村，是凤凰名茶"接种""八仙过海"单丛茶的发祥地。

1905年春，黄芬在安南（今越南）堤岸（今胡志明市）做小生意，接到母亲来信，叮咛："人生三十无妻，四十无儿，孤老半世……"意思是催他回乡择偶成亲，传宗接代。是年深秋，他与乡人结伴，乘坐红头船离开越南，至澄海县樟林上了码头，住进客栈，凑巧碰见一老妇拉着一少女，泪水交加地诉说她的外孙女一家在鼠疫中死去5人的惨情。其时，外孙女无依无靠，孤苦伶仃，祈求过往住客收养她。此情景使黄芬心酸阵阵，感觉老妇犹如他的亲娘。他施舍一些银两和物品给她俩，老妇十分感激，马上催外孙女向黄芬行大礼，又见他忠诚老实，性情和蔼，就苦苦哀求他与她的外孙女陈财气结成夫妻。在同行乡人的鼓励下，他答应了。次日，他们三人一同到隆都村陈财气家祭奠先灵。事毕，他再赠银子给老妇人。第六天，黄芬带着陈财气回到阔别十多年的家乡。他母亲喜得老泪纵横，频言谢天谢地，村里山外的人们也纷纷前来祝贺。从此，他俩开始了新的生活。

夫妻俩开山辟地，同心协力，边改造老茶园，边开辈播下茶籽，干得热火朝天，众人无不赞扬。他俩在整理老茶园时，发现了祖上传下来的

"大乌叶"名丛茶树，因十多年缺乏管理，被白蚁、蛀心虫等侵害，导致枯萎、死亡，仅存一桠奄奄一息的茶枝。陈财气建议用嫁接龙眼树的方法，拯救这株濒临灭亡的品种，可是，他俩都没有嫁接的知识，只能发挥想象力，试创着干。黄芬用十多年前种的茶树作砧木，残存的"大乌叶"单丛茶腋芽作接穗，把稻草拧成绳子，涂上黄泥包扎起来，这样嫁接了十多株。他俩精心管理这些茶树，却只成活了一株，他们给这株新生的品种取名"接种"茶。他俩视"接种"为珍宝，细心呵护培育，使它茁壮成长。也在这时候，陈财气产下一个又白又胖的男孩，实现了黄芬一家传宗接代的愿望。为了纪念嫁接名丛的成功和陈财气扎根凤凰山立业，他们给孩子取名"甘树"。

岁月推移，甘树长大成人，在父母技艺的熏陶下，他练就了一套精湛的制茶工夫，成为凤凰山上四大制茶能手之一。1958年夏天，受凤凰公社和汕头茶叶进出口公司的委派，甘树同文永权等人赴福建武夷山参加茶叶采制技术交流会。

"接种"单丛茶不但保持了原来"大乌叶"的优良品质，在新的环境条件里，还发展了新的优势，从而使成茶的韵味更独特，天然的芝兰花香更清高。现在的"八仙过海"亦是由"接种"单丛茶的母树而来的。

1997年5月，嫁接的芝兰香、"八仙过海"单丛茶在凤凰镇第二届名茶评比会上分别荣获特等奖和一等奖。同时，这"接种"品系的1 500多千克春茶卖得好价钱，最高售价达4 000元／千克。

1990年以来，凤凰镇政府引导开展科技兴茶运动，挖掘"接种"技术，掀起了嫁接名茶的群众热潮。此项嫁接技术推广成功，获得县、市、省的多项农业技术推广奖，并传播到凤凰山外及至省外，许多茶区广为应用。昔日黄芬夫妇的尝试奇迹，在历代茶农的不懈努力下，成为今天凤凰名丛选育良种、保护良种的科技成果。

凤凰单丛茶悠久的历史和独特的品质，蜚声海内外，是我们伟大祖国——茶的故乡的骄傲。

仙草良方的趣闻

药、食同源，凤凰单丛茶同其他茶一样，具有营养和药用价值。古时候，居住在深山老林里的凤凰山民缺医少药，使用凤凰茶叶治病和防病是他们一直沿用的良方。他们称茶叶是神奇仙草，称茶汤为健康之液。他们应用祖先恩赐的宝物治病防病，代代相传。现将凤凰人从明代沿用至今的民间良方叙述如下。

1. 凤凰青胡苦茶

在凤凰，有一种珍贵的名丛株系，享誉海内外。除了具备茶叶的各种功能，它还有治伤风感冒、喉痛等病症的特殊功效，尤其是泡浸蜂蜜之后，退肝火最灵验。这种茶名为青胡苦茶。

　　✍ 用青胡苦茶加几片生姜、少许红糖和水煎煮热服后，盖上棉被发汗，对治疗伤风感冒有一定功效，可以祛风解表、去头痛。当地农户常以此土方治头痛脑热。喝一碗煎煮热汤，发汗两个小时后，患者顿感热退痛止，轻身舒服。

　　✍ 用青胡苦茶浸泡蜂蜜（以冬季蜂蜜为最佳）后，用来泡开水喝，可治疗风热感冒、久咳未愈，有去心火、明目之功效。

　　✍ 用苦种老茶（陈茶，收藏越久越有功效）加鸡蛋清和少许冰糖，炖煎后服用，治疗哮喘顽症、支气管炎，有镇咳平喘、祛痰之效能。

今天，在凤凰乌岽山上，青胡苦茶仍保存有一些珍贵的名丛：如中心寅村一株树龄200多年、树高3.5米的苦茶，春茶产量4.5千克；桂竹湖村一株树龄400多年、树高5.12米的苦茶，春茶产量2.75千克；下埔水路仔村一株树龄120多年、树高3.8米的苦茶，春茶产量2.4千克。青胡苦茶因其药用疗效显著，长期以来经济效益很高。1986年，一位习惯用这种苦茶治病的美国华侨竟以200美元／千克的高价，买了一些青胡苦茶带到美国去。近十年来，人们用青胡苦茶浸泡蜂蜜，做保

☕ 外国友人参观凤凰

健食用，成为馈赠亲友佳品。

2.凤凰茶治疗皮肤疾患

🍃 用凤凰茶水洗涤伤口或糜烂疾处，然后用槌过的茶树鲜叶敷贴伤口，以消除炎症，增强身体抵抗力，促进伤口愈合。

🍃 用凤凰茶叶加米泔水和少许食盐煎煮后的水洗涤皮肤，可以治疗各种皮肤瘙痒之症。

凤凰单丛茶汤提神醒脑、清热明目、消食去腻、减肥瘦身的效果很好，其茶多酚含量高达近 30%，具有很好的抗氧化保健作用，是一种降血压、降血脂、抗辐射、抗肿瘤、预防心脑血管疾病的天然良药。美国前总统尼克松曾赞誉凤凰单丛茶"比美国的花旗参还提神"。

五 凤凰单丛的时代风采

21 世纪以来，凤凰茶区有了长足的进步与发展。一方面，凤凰茶人谨记传统，传承着古老的凤凰单丛制作技艺；另一方面，凤凰茶人注意不断学习新的科学技术，并应用到茶叶生产当中。有继承有发展，是凤凰茶区的显著特征。

以下是截止到本书出版时，凤凰茶区在21世纪的发展成果汇总，供读者参考。

2002年，凤凰镇与中国科学院农业技术产业化中心合作，建立潮州无公害乌龙茶生产示范基地。

2003年，经广东省人民政府批准，由潮州市政府主导的省级唯一以茶业为功能区的农业现代化示范区在凤凰镇建设实施。

2003年，与广东省农业厅合作建设茶叶农药安全使用示范区。

2008年，被中国茶叶学会评定为"中国名茶之乡"。

2009年12月15日，凤凰单丛茶被国家质检总局认定为国家地理标志产品。

2010年，凤凰镇共有5家企业获得有机茶认证，有机茶生产基地2 500亩，有机茶年产量200吨。

2012年，与广东省农业科学院合作，先后育成省级茶树品种凤凰黄枝香单丛、凤凰八仙单丛、乌叶单丛，当前这三个品种的种植面积已达万亩以上。

2014年2月，广东省委农村工作办公室、广东省住房和城乡建设厅、广东省农业厅授予凤凰镇"广东名镇"荣誉称号。

2014年5月，潮安区"凤凰单丛茶文化系统"入选第二批"中国重要农业文化遗产"。

2015年6月，凤凰镇荣获"广东十大名茶之乡"。

◉ 广东省潮州市潮安区荣获"2017年度全国十大魅力茶乡"称号

◉ 凤凰单丛地理标志

◉ 2019中国最美茶园

2015 年 8 月，凤凰单丛获百年世博中国名茶金骆驼奖。

2016 年 3 月 1 日，"凤凰单丛乌龙茶资源利用和品质提升关键技术及产业化"项目荣获广东省科学技术一等奖。

2016 年 12 月 30 日 ，2016 首届国际潮州凤凰单丛茶文化旅游节在潮安区凤凰镇隆重举行。

2017 年 8 月 30 日，由中国农业国际促进会茶产业委员会和中国合作经济学会旅游专业委员会共同组织评选，潮安区荣获"2017 年度全国十大魅力茶乡"称号。

2017 年 5 月 20 日，在首届中国国际茶叶博览会上，凤凰单丛茶荣获"中国优秀茶叶区域公用品牌"称号。

2018 年 1 月 19 日，凤凰单丛茶列入农业部《2017 年度全国名特优新农产品目录》。

2018 年 5 月 12 日，在由广东省农业厅主办的 2018 年广东春茶品鉴评选中，凤凰单丛茶在广东省乌龙茶类中独占鳌头，荣获"广东省十大好春茶"称号。

2019 年 5 月 15 日，在第二届茶乡旅游发展大会上，凤凰古茶树茶园荣获"2019 中国美丽茶园"称号。

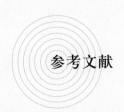

参考文献

程启坤，1982.茶化浅析【M】.杭州：中国农业科学院茶叶研究所情报资料研究室.

戴素贤，2001.凤凰单丛的品质风韵【J】.广东茶叶（2）24-28.

黄柏梓，2016.中国凤凰茶【M】.北京：华夏文艺出版社.

黄瑞光，等，2006.凤凰单丛【M】.北京：中国农业出版社.

江锐歆，2015.地道广东丛书　广东茶道【M】.广州：花城出版社.

邱陶瑞，2009.潮州茶叶【M】.广州：广东科技出版社.

邱陶瑞，2015.中国凤凰茶·茶史茶事茶人【M】.深圳：深圳报业集团出版社.

人力资源和社会保障部教材办公室，中国老教授协会职业教育研究院，2017.中国（潮）工夫茶艺【M】.北京：中国人事出版社，中国劳动社会保障出版社.

涂云飞，等，2007.做青中儿茶素与茶黄素变化研究【J】.中国茶叶加工（4）：13-15.

中华全国供销合作总社职业技能鉴定指导中心，2004.国家职业资格培训教程评茶员【M】.北京：新华出版社.

后记

《凤凰单丛》一书自2006年出版以来，深受茶学界及茶叶爱好者的好评，这既是对本书撰写者的鼓励与肯定，又让我们感受到了更大的压力。

乌龙茶为中国六大茶类中之耀眼明星。若细究起来，乌龙茶还可分为闽北乌龙、闽南乌龙、台湾乌龙与广东乌龙。相较之下，广东乌龙最为默默无闻，这不得不说是一种遗憾。

作为广东乌龙茶的研究者，我们五位编委自认为有责任和义务让全国的爱茶人了解广东乌龙茶中的翘楚——凤凰单丛。这便是此书的源起，也是我们五位编委的初心。

茶界学人的推动和消费者、学习者的需求，使得《凤凰单丛》一书的修订再版工作提上了日程。在2006年第一版出版后的十多年中，凤凰茶业处于飞跃式的发展期，凤凰单丛的产制状况和人文史迹的发掘都有了新的变化。与此同时，今天出版的印刷水平已有突飞猛进的发展，在改动内容的同时，我们也希望呈现给读者一本更为精美的图书。在黄瑞光、桂埔芳二位主编的主导下，本书的再版工作得以开展。

其中，黄瑞光先生为全书提供了总体性的指导，并两度全程主持审稿，严谨求实，可敬可佩；桂埔芳女士承担全书主笔工作。黄柏梓先生年逾八旬，仍不辞辛苦，认真反复审核全稿，给予细致把关，同时为全书提供了翔实的田野调查资料；吴伟新先生为丰富全书的图片和资料，不畏艰辛，增补、拍摄了大量的图照；杨多杰先生提供了北方市场和年轻群体的时代信息。桂埔芳、杨多杰承担了全书的主要撰写编排工作。

在本书的编写过程中，得到了凤凰茶区乃至广东诸多同仁的大力支持。潮州陈莹女士、林墩旭先生以及华南农业大学戴素贤教授，为本书编写提供了资料支持。北京理工大学法学硕士研究生周静平，不辞辛苦深入茶区，拍摄了大量的珍贵图片，并参与了本

● 编委合照

书的编排与插图工作。对以上各位同仁，在此一并感谢。

　　本书力求严谨客观，尊重历史，传承创新，我们希望《凤凰单丛》的再版有助于专业茶学工作者及广大爱茶人对凤凰单丛的进一步了解与探究。

　　由于能力和水平有限，对凤凰单丛茶的阐述尚未详尽和不足之处，敬请广大读者批评指正。

编者

2020年3月23日

凤凰单丛